우리가
만난
아이들

—

소년,
사회,
죄에 대한
아홉 가지
이야기

—

이근아

김정화

진선민

위즈덤하우스

차례

1

소년범의 탄생

보통 어른

사회부 기자는 청소년 범죄에 관한 기사를 수없이 쓴다. 분량은 여느 사건 기사가 그렇듯 열 줄 이내다. 가해자는 물론 피해자의 심경조차 담기지 않는다. 법원의 판결이 나지 않았기 때문이기도 하지만, 그보다는 사건 기사 대부분이 수사기관 취재만 거쳐 작성되기 때문이다. 청소년 범죄가 지나치다 싶을 만큼 많이 보도되는데도 정작 사건을 깊이 들여다볼 기회는 좀처럼 없다.

기자가 되기 전 고등학교에서 교생으로 한 달을 지냈다. 교직에 큰 뜻이 없었던 내가 유일하게 흥미를 느꼈던 건 아이들과의 상담이었다. 열여덟 살 남자아이들은 대체로 수업엔 관심이 없었다. 수업 시간엔 딴짓을 하거나 졸고 쉬는 시간엔 생기가 도는, 어른들 눈에는 불량스러워 보이는 아이들이었다. 그런데 신기하게도 상담 시간에 마주 앉은 아이들은 마치 딴사람 같았다. 뭉쳐 있을 때는 장난기가 가득한 데다 공부엔 관심도 없어 보였던 아이들이 그 자리에선 자신의 꿈을 말했다. 눈을 반짝이면서.

어떤 아이는 몰래 술을 마시고 담배를 피우며 스트레스를 푼다고 말하면서도, 좀 더 나은 어른이 되고 싶다고 했다. 더 나은 어른이 되기 위해 나름의 방법으로 애쓰고 있다고도 했다. 내게 그 길을 알려달라고 한 아이들도 몇 있었다. 어떻게 해야 좀 더 나은 사람이 될 수 있는지 모르겠다며 물었다. 할 수 있는 최대한의 조언을 해줬지만 아무래도 부족했을 것이다. 하지만 아이들은 고맙다고 했다. 단지 자기 말을 들어줬다는 이유 하나로 고마워하는 아이들도 많았다. 이 한 달은 짧지만 강렬한 기억으로 남았다.

그래서일까. 십 대들의 이야기가 궁금해졌다. 열 줄짜리 소년범 기사들을 보면 아쉬운 마음이 들었다. 청소년 범죄가 논란이 되면 촉법소년 기준 연령을 낮추거나 제도 자체를 폐지해야 한다는 여론이 높아졌다. 기자는 전문가들에게 의견을 물어 엄벌에 대한 찬반 의견을 받아 짧은 박스형 기사*를 쓴다. 최근 몇 년간 가해자가 소년이었던 사건의 통계를 찾는다. 이 과정에서 여론과는 달리 많은 전문가가 엄벌주의를 경계하는 걸 알게 되었다. 전문가들은 "현실을 들여다보면 그런 소리 못 할 거다" 하고 호언장담했다.

소년범은 누구일까? 소년범은 자기를 향한 사회의 분노를 얼마나 알고 있을까? 그들은 내가 교생실습 때 만났던 아이들과 다른 아이들일까?

2년 전 일이다. 당시 취재를 위해 한 청소년 부부의 집으로 출퇴

---

* 해설과 여러 이야기를 덧대 쓰는 기사. 정보만을 전달하는 스트레이트 기사와 구분된다.

근하며 일주일가량 이들과 동행했다. 이들과 함께한 일주일을 담은 르포를 준비해 청소년 부모의 삶과 관련된 우리 사회의 제도가 얼마나 미비한지를 짚었다.

어린 나이에 아이를 낳아 기르는 청소년을 가까이서 지켜보며 사회의 편견과 다른 점이 많다는 걸 실감했다. 그저 '사고 친 아이들'이라고 규정하기엔 너무나 복잡한 사연을 안고 있었다. 이들의 삶은 위태로워 보였다.

첫날 무작정 부부의 집에 방문했을 때 열일곱 살이던 지은은 딸을 안고 나를 맞이했다. 분홍빛이 도는 짧은 단발머리에 150센티미터대의 작은 키. 말 그대로 '애가 애를 키우는 듯한' 그 모습에 놀라지 않은 척하려고 애썼다. '아마 이 아이는 이런 반응에 익숙하겠지'라는 생각도 머리를 스쳐 갔다.

머리카락 색깔이 예쁘다고 했더니 "애 엄마가 무슨 염색이냐고 욕할까 봐 걱정했다. 육아 스트레스를 풀려고 집에서 혼자 했다"라는 답이 돌아왔다. 열일곱 살 소녀의 육아 스트레스. 설명하지 않아도 짐작이 갔다. 나도 모르게 안타깝고 불쌍한 마음이 들어 표정 관리가 잘 안 됐다. 그런 마음으로 취재를 해서는 안 된다. 인간적으로도 그런 마음은 예의가 아니다.

방 한 칸짜리 작은 집은 여기저기서 '받아 온' 아기 장난감들로 빼곡했다. 처음에 지은은 퉁명스러운 태도를 보이며 나를 경계했다. 내게 지은을 소개해준 건 미혼모를 돕는 어느 단체였다. 단체의 도움을 많이 받은 터라 취재에 응하긴 했지만 지은은 내가 괜찮은 어른인지, 믿어도 되는 사람인지 궁금해하는 눈치였다. 처음엔 질문을 던져도 "별로 힘든 거 없어요. 아기가 생겼을 때 놀라긴 했지만 후회는 없어요" 하는 정도로만 답했다.

그렇지만 별로 힘들지 않다는 말은 사실이 아닌 듯했다. 집 안 상태는 한눈에도 엉망이었다. 싱크대에는 며칠째 씻지 않은 그릇들이 쌓여 있었고, 냉장고 안은 텅 비어 있었다.

"밥은 먹었어요?"

지은이 고개를 저었다.

"먹고 싶은 거 있어요? 내가 사줄게요."

지은이 말한 건 치킨이었다.

치킨을 먹으면서 지은이 꺼낸 이런저런 이야기들은 충격적이었다. 이를테면 피임하는 법을 배운 적이 없어서 단 한 번도 해보지 않았다는 얘기, 임신하고도 꽤 오랫동안 그 사실을 알아차리지 못했다는 얘기.

지은은 열여섯 살에 엄마가 됐다. 다른 문제로 찾아간 산부인과에서 임신 사실을 알았다. '낳고 싶었고 남자 친구에게 낳겠다고 말했다. 그렇게 소연을 낳았다.' 지은의 지난 삶은 이렇게 한두 문장으로 정리되었지만 실제로는 녹록지 않았다. 부모님의 반대가 심했다. 하지만 아랑곳하지 않았다. 지은은 초음파 사진에 잡힌 작은 아이를 지키고 싶었다.

지은의 남편(법적으로는 남편이 아니지만)은 매일 오전 10시부터 새벽 2시까지 라이더 일을 하며 가족을 부양한다. 경제권은 남편에게 있다. 지은은 종일 혼자 방에서 딸 소연을 돌본다. 끼니도 제대로 챙기지 않는 눈치였다. 원래 먹는 걸 귀찮아할뿐더러, 요리할 줄도 모르고 배달 음식도 물린다고 했다.

지은에게는 '일상'이라는 게 존재하지 않았다. 가끔 친구들이 놀러 올 때를 제외하면, 혼자 집에서 아이를 먹이고 재우고 보살피는 게 하루 일과의 전부였다. 남편은 소연과 지은이 잠든 뒤에야 귀가할 때가 많았다.

그러니까 결과적으로 힘들지 않다는 지은의 말은 거짓말 같았다. 지은은 이튿날 "가끔 우울증 같기도 하다. 감정이 오르락내리락해서 견디기 힘들 때가 많다" 하고 털어놓았다. 친구들과 노는 게 무엇보다 즐거웠던 지은에게 지금의 삶이 버거운 건, 어쩌면 너무 당연해 보였다.

굳이 지은의 이야기를 하는 이유는 우리 사회의 편견 때문이다. 무책임한 십 대 부모들이 하루가 멀다 하고 뉴스에 오르내리는 요즘, '어린' 엄마라는 이유로 색안경을 끼고 바라보는 이들이 많다는 것을 안다. 나뿐만이 아니라 지은도 알고 있었다. 인터뷰하는 중간에도 "소연이 밥 줘야 하는 시간"이라며 지은은 분주하게 분유를 탔다. 지은은 육아에 서투르지 않았다. 오히려 자기가 능숙하다는 걸 내게 보여주고 싶어 하는 듯했다. 넌지시 물어보니 "욕먹기 싫다"라는 답이 돌아왔다. 그 말 속에는 자기가 선택한 삶을 후회하고 싶지 않다는 의지가 담겨 있었다.

기억나는 또 다른 장면은, 지은이 딸을 안고 동네를 나섰을 때다.

지은을 알아보는 친구들이 너무 많았다. 유난히 작은 동네여서인지, 지은의 발이 넓어서인지는 몰라도 교복을 입은 친구들은 아기를 안은 지은이 익숙한 듯 "안녕"이란 짧은 인사만 남긴 채 삼삼오오 사라져갔다.

지은은 이미 그 동네에서 유명 인사였다. 지은이 아이를 낳아 키우고 있다는 사실도, 친구들에게 더는 특별한 일이 아니었다. 지은은 고등학교 문턱도 넘지 못했다. 입학 직전 임신 사실을 알았다. 불러올 배를 안고 학교에 다닐 자신이 없어서 자퇴했다. 학교에 다니는 것보다 교복이 더 그립다는 지은은 무언가를 시작할 엄두가 나지 않는다고 했다.

"소연이를 맡길 곳도 없고, 어디서부터 어떻게 시작해야 할지 전혀 모르겠어요. 생각해본 적도 없으니까, 그냥 이렇게 지내요."

보통의 어른이라면 대부분 비슷한 생각을 할 거다. '철이 없다.' '섣부른 선택을 했다.' '앞으로가 걱정된다.' '어쩌려고 저러지?'

나도 그랬다.

지은은 자신을 향한 이런 시선을 정확히 알고 있었다. 동행 마지막 날, 지은은 내게 물었다.

"저희 이야기가 기사로 나가서 욕먹으면 어떻게 해요?"

사실 나도 알고 있었다. 내내 모른 척했지만 일주일 동안 아기 띠를 맨 지은을 보는 어른들의 시선은 곱지 않았다. 어른들은 힐끗거리거나 아예 대놓고 묻기도 했다.

"엄마는 몇 살이에요?"

버스를 탈 때도 지은은 성인 요금을 냈다.

"기사님들이 '왜 애 엄마가 청소년 요금을 내냐'고 물을까 봐 걱정돼요. 버스 안은 조용한데 그럼 다들 쳐다볼 거 아니에요?"

지은과의 만남은 오랫동안 내 기억에 남았다. 소년범을 취재하기 시작한 것도 그 기억 때문이었다. 그들에게도 나름의 사연과 이야기가 있으리라는 막연한 확신이 들었다.

소년범은 자기가 악마라고 불린다는 것을 알고는 있을까? 보호처분을 받는 동안 소년범은 정말 반성이라는 걸 할까? 소년범의 삶은 변할 수 있을까?

이 책은 그렇게 시작됐다. 직접 소년범을 만나 그들의 이야기를 듣고 우리 사회에 전하고 싶었다. 고심했던 기획 기사의 제목 '소년범, 죄의 기록'에 담긴 의미는 중의적이다. '소년범의 죄를 기록한다'라는 의미이자 '사회의 죄를 기록한다'라는 의미다.

2020년 봄부터 약 반년 동안 우리는 소년범에 관한 기획 기사를 준비했다. 아이디어 수준의 아이템을 기획 기사로 내놓기까지 고민과 우여곡절이 많았다. 섭외도 쉽지 않았다. 취재를 달가워하는 사람보다 우려하는 사람이 더 많았다. 꺼리는 이유는 대부분 비슷했다. 사회의 분노 여론, 그간 소년범을 대해온 언론의 태도 등이었다. 취재원의 마음을 여는 것이 어느 때보다 쉽지 않았다. 그뿐만이 아니었다. 취재 과정은 우리 자신을 향해 질문을 던지고 그 답을 찾아야 하는 일의 연속이었다.

2020년 11월 총 5회에 걸쳐 기사를 발행했다. 별도로 웹페이지도 만들었다. 거기에는 지면에 미처 담지 못한 여러 소년범의 사연을 이야기 형식으로 소개했다. 하지만 여전히 담지 못한 이야기들이 많았다. 소년범과 전문가 등을 인터뷰한 녹취록은 340여 쪽에 달했다. 그 속에서 우리는 일정한 패턴을 발견했다.

각자 삶의 궤적은 달랐지만 처음부터 악마 같은 아이는 없었다.

꽤 많은 아이가 가해자이기 이전에 피해자였다. 곁에 어른이 없거나 있어도 무의미했다. 심지어 어른이 아이에게 나쁜 일을 가르치기도 했다.

이 패턴을 통해 어느 정도 확신이 생겼다.

'소년범은 악마가 아니다.'

이 책에는 우리가 소년범을 만나 이야기를 나눴던 2020년 4월부터 11월까지의 기록이 담겨 있다. 이십 대 기자인 우리는 앞으로도 수없이 많은 기사를 쓰겠지만, 이 기사는 언제까지고 특별한 의미로 남을 것이다. 그건 취재 과정에서 만난 아이들 때문이다. 아이들은 우리에게 많은 이야기를 들려줬다. 받아들이기 어려운 이야기도, 전혀 겪어보지도 들어보지도 못한 생소한 이야기도 있었다. 그들의 이야기에 우리는 울고 웃었고 진심으로 함께 걱정하고 고민했다. 그들은 흔히 말하는 악마와는 거리가 멀어 보였다.

아이들을 오래 만나고 지켜보며 그들에게 도움이 되는 어른이 되고 싶었다. 이 책을 쓰는 지금, 아이들의 오늘이 궁금하다. 가정이나 학교, 심지어 친구에게도 기댈 수 없었던 위태로운 아이들은 보호처분이란 경험을 통해 어떻게 바뀌었을까?

　이 책은 그 아이들을 위한 마음이다. 대부분의 내용은 새로 썼다. 기사에 담지 못한 우리의 감정을 고스란히 담기 위해 노력했다. 책을 쓰기까지 약 1년이 걸렸다. 이 책에서 우리가 전하고자 하는 메시지는 명확하다.

—

소년범의 죄는 우리 사회의 죄다.

—

이 문제를 더 이상 방관해서는 안 된다. 소년범의 이야기는 자주 우리의 어린 시절을 떠올리게 했다. 동시에 짧은 경력이지만 기자 생활을 돌아보게 했다. 이 책에 등장하는 아이들이 앞으로의 삶에서 후회할 선택을 다시는 하지 않기를 진정으로 바란다. 그리고 나와 당신이, 그 아이들을 방관하거나 외면하지 않는 어른이 되기를 바란다.

한 통의 메일

이 책이 당신의 단단한 편견에 아주 조금의 균열이라도 냈으면 좋겠다. 그것이 우리가 취재를 시작한 이유다.

사실, 우리조차 소년범에 대한 편견을 갖고 있었던 걸지도 모른다. 취재하는 내내 학창 시절의 '일진' 무리가 생각났다. 학교에서 담배를 피우다 걸리는 애들, 어른 속을 썩이는 애들, 자기가 세상의 중심인 양 제멋대로 행동하는 애들…… 이들은 왜 이렇게 됐을까? 같은 나이, 같은 반 학생이었던 너와 나의 삶은 왜 이렇게 달라졌을까?

한 번도 나를 '노는 애'라고 생각해본 적이 없다. 내 삶은 그들의 정반대에 있었다. 중학교 3년 내내 반장을 맡았고, 고등학교 때는 공부만 열심히 했다. 교사인 엄마와 자녀 교육에 관심이 많은 아빠 밑에서 자란 나는 첫째 딸로서 부모님 말씀에 잘 따랐다. 공부를 잘해야 좋은 대학에 갈 수 있다고 해서 그렇게 했다. 부모님과 선생님에게 대든다는 건 상상도 못 할 일이었다. 어울리는 친구들도 비슷했다. 쉬는 시간마다 매점에 가는 게 최고의 행복이었고, 인생의 유일한 목표는 서울에 있는 좋은 대학에 진학하는 거였다.

내가 다닌 학교에도 '노는 애들'이 있었다. 나는 그들과 다르다고 생각했다. 학교에서 소지품 검사를 하면 온갖 욕을 해대며 허둥지둥 라이터와 담배를 숨기기 바쁜, 등교하자마자 서클렌즈를 끼고 쌍꺼풀 테이프를 붙이는, 주말이면 다른 학교 선후배들과 모여서 술을 마시고 사진을 찍어 올리는 그 애들과 나는 달랐다. 그런 애들을 볼 때마다 '너흰 커서 뭐가 되려고 그러냐' 하고 한심하게 여겼다. 끝없는 경쟁이 이어지는 학교에서 티끌 같은 차이로 서로를 비교하던 때였다.

대학 시절에도 나는 착실하게 살았다. 언론사에 입사했을 때도 마찬가지였다. 기자가 되고 난생처음 경찰서에 갔을 때의 떨림은 아직도 생생하다. 영화나 드라마에 그려지는 범죄자들은 겉모습부터가 우락부락하고 험상궂으며 표독스럽다. 하지만 실제로 경찰서에 오는 사람들은 그렇지 않다는 걸 이때 알았다.

여느 때처럼 로비에서 쭈뼛거리며 경찰서를 오가는 사람들을 붙잡고 어떻게 오셨냐고 묻다가 청원경찰에게 쫓겨나기를 반복하던 어느 날이었다. 교복 입은 여자아이 세 명이 눈에 띄었다. 그 애들은 여성청소년과에서 나와 화장실로 가고 있었다. 혹시나 하는 마음에 아이들을 따라갔다. 진하게 화장한 얼굴에 새빨간 립스틱을 칠한 아이들이 나를 위아래로 훑어보더니 클렌징 티슈를 돌려 쓰며 화장을 지우기 시작했다.

아이들을 따라 화장실에 갈 때만 해도 두려운 마음이 있었다. 화장을 진하게 하고 짧은 교복 치마를 입고 다니는 애들이라면 학교폭력 가해자일 수도 있겠다고 생각했다. '쟤네 부모님은 자기 자식들이 뭘 하고 다니는지 알고 있을까?' 하고 속으로 혀를 찼던 것 같다.

그런데 화장을 지운 말간 얼굴을 보니 분식집에서 와자지껄하며 떡볶이를 먹는 중학생들이 떠올랐다. 내가 학창 시절에 한심하게 생각했던 노는 애들이 실은 나와 같은 중학생, 고등학생이었겠구나, 하고 느낀 순간이었다.

처음 소년 보호시설에서 아이들을 만났을 때가 기억난다. 나는 '소년범'이라는 이유로 그들을 의심했다. 잠깐 전화를 받으러 자리를 비울 때면 가방을 몰래 열어보거나 지갑을 훔쳐 갈까 봐 걱정했다. 하지만 아이들은 그렇게 행동하지 않았다.

—

○ 소년범에 대한 편견

1. 버릇없이 행동한다. 학교에 다니지 않는다. 다닌다 해도 출석률이 저조하다. 공부에 관심이 없다. 꿈도 미래도 없다.
2. 술과 담배를 한다. 여자아이는 화장을 두껍게 하고 짧은 치마를 입고 다닌다. 남자아이는 수선한 교복 바지를 입고 몸에는 문신이 있다.
3. 가정환경이 좋지 않다. 경제적·정서적 결핍이 있다. 부모가 내놓은 아이들이다. 가출 경험이 있다.
4. 태어날 때부터 영악하다. '그런' 애는 '그런' 길로 들어설 수밖에 없다. 절대 변하지 않는다.

—

시작은 어려웠다. 두려운 마음도 있었다. 어떤 전문가는 더는 이 문제를 두고 이야기하고 싶지 않다며 인터뷰 요청을 거절했다. 소년범에 분노하는 여론, 보호나 교화보단 엄벌을 촉구하는 여론을 돌려놓을 자신이 이젠 없다고 했다.

'너무 쉽게 생각했나?' '기사를 쓰는 내내 항의에 시달리면 어쩌지?' 하는 생각도 들었다. 이미 주변에서는 우려하는 목소리가 나오고 있었다. "소년범 이야기가 사람들을 설득할 수 있겠어?" "기사는 공감을 얻지 못하면 생명력을 잃어." 시작도 하기 전에 실패한 기분이 들었다.

우리는 안다. 기사는 너무나 쉽게 흉기가 된다는 사실을. 그 흉기가 누구를 향하게 될지 전혀 예측할 수 없어 무섭다. 기사가 취재원을 찌르고 때론 나를 찌른다. 전혀 생각하지 못한 사람을 찔러 오랜 시간 죄책감에 시달리게 하기도 한다. 대부분의 경우 신이 나서 기사를 쓴다기보다 오히려 그 반대에 가깝다. 마치 살얼음판을 걷는 것 같다.

첫 번째 고민은 '소년범의 이야기를 누가 듣고 싶어 할까?'였다. "부모의 마음은 그렇지 않을 것"이라는 말이 가장 와닿았다. 사람들은 충고했다. 대부분의 부모는 내 아이가 가해자가 되리라는 생각을 하지 않는다고. 그러므로 피해자의 이야기에 더 몰입할 테고, 그러면 기사의 당위성은 물론 공감조차 얻지 못할 것이라고. 아직 미혼이고 아이가 없는 우리가 부모의 마음을 몰라도 너무 모르는 거라고.

기사로 세상을 바꾼다는 것은 꿈같은 일이다. 그래도 부지런히 써서 세상을 좀 더 나은 방향으로 이끄는 데 기여하고 싶다. 내가 쓰는 기사 한 줄이 언젠가 세상을 바꾸리라는 믿음을 놓고 싶지 않다. 조급함을 버리기로 했다. 지금은 소년범을 향한 단단한 편견에 그저 '한 줄의 균열'을 내는 걸로도 충분하다.

우리는 기사와 책을 쓰며 몇 가지 원칙을 세웠다.

—

○ **인터뷰 원칙**

1. 아이들과 인터뷰할 때 존중하는 말투를 쓸 것

2. 아이들의 이야기가 보도된다는 점을 충분히 설명하고 보도를 원치 않은 부분이 있는지 점검할 것

3. 아이들이 원치 않는다면 인터뷰 도중이라도 언제든 그만둘 수 있다는 점을 미리 알려줄 것

4. 아이들의 말 속에는 진실과 함께 과장이 섞여 있을 수 있음을 기억할 것

5. 가해와 피해 사실과 관련하여 객관적인 자료를 기관 등에 요청할 것. 만약 불가능할 경우 기관 관계자를 통해 사실관계를 확인할 것

○ **글쓰기 원칙**

1. 자극적으로 쓰지 말 것

2. 범죄 행위 혹은 피해 사실에 대해 지나치게 세밀한 묘사는 피할 것

3. 독자의 생각을 억지로 바꾸겠다는 욕심을 버릴 것

4. 프레임에 갇혀 아이들을 바라보지 않을 것

5. 아이들의 삶을 입체적인 관점에서 바라볼 것

○ **보도 원칙**

1. 아이들의 신상이 드러나지 않도록 할 것

2. 사진 등을 활용할 때 주의할 것

3. 보도 마지막까지 기관과 소통하고 조율할 것

4. '소년범의 죄는 곧 사회의 죄'라는 점을 효과적으로 전달할 수 있게 기사 전반 및 제목 등을 세심하게 살필 것

5. 부정적인 여론에 휘둘리지 않고 원칙을 지킬 것

—

기사의 반응은 극명하게 엇갈렸다. 하지만 다행히 '소년범'이라는 문제가 어른들의 문제라는 점에 공감한다는 반응들도 많았다. 우리가 섭외한 어느 기관의 선생님은 소년범 문제를 다뤘던 언론 가운데 가장 본질에 다가섰다고 했다. 전문가 그룹의 호평도 큰 힘이 됐다. 우리에겐 확신이 필요했기 때문이다.

예상한 대로 부정적인 반응도 있었다. 보도 원칙을 세운 것은 이 때문이었다. 소년범이라는 단어가 기사 제목에 달리면 내용과 상관없이 화가 나는 사람이 많다는 걸 알고 있었다. 독자를 설득하는 일은 우리의 과제였다.

그중 가장 기억에 남는 건 한 통의 항의 메일이다. 그 요지는, 기사에 사용된 소년범들의 가명이 '흔한 이름'이라는 거였다. 그분은 길거리에서 나쁜 아이들과 어울려 '가출팸'을 이루고, 성매매를 하고, '조건 만남' 등 사기를 치는 아이들의 이름이 왜 이렇게 흔한지를 물었다. 왜 그 이름이 하필 내 딸, 내 딸의 친구 이름과 같냐는 말

이었다. 그게 너무나 불쾌하다고 했다. 차라리 A, B, C 혹은 김모 씨, 이모 씨 등으로 부르면 안 되겠냐는 지적이었다.

기사에서는 거의 실명을 쓰지 않는다. 쓰더라도 허락을 받고 쓴다. 소년범은 미성년자인 데다가 이 아이가 보호처분을 받았다는 사실이 그대로 노출될 땐 사회적 낙인이 찍힌다. 설령 실명을 써도 된다고 했더라도 아이들의 이름을 쓰지 않았을 것이다. 그 대신 우리는 연도별 출생자 이름 순위 통계를 참고했다. 소년범 이야기가 우리에게 먼 이야기가 아니라는 걸 전하고 싶었기 때문이다. 어쩌면 그 독자의 지적은 타당하다. 해당 연도에 가장 많이 쓰인 이름을 가명으로 썼으니 내 아이와 이름이 같을 확률이 낮지 않았을 거다.

하지만 우리가 만난 소년범은 그리 멀리 있지 않다. '내 아이는 그런 애가 아니다'라는 한 문장으로 단언할 수 없다. 기분이 나쁘고 불쾌하다는 항의는 어쩌면 당연하다. 가명이라고 밝혔더라도 말이다. 사회의 분노가 얼마나 깊은지 새삼 알게 됐다. 분노는 편견으로 이어진다. 이름만 같아도 싫을 정도로.

첫 인터뷰

경찰서 기자실에서 수습 생활을 시작했다. 일명 '하리꼬미'.* 경찰서에서 숙식을 해결하며 '오늘 무슨 사건 없나' 하고 '귀대기'를 했다. 이때 나는 살면서 가장 많은 거절을 당했다. 문전 박대의 연속이었다. 경찰서에서는 아무 일도 일어나지 않아야 좋은 일이다. 하지만 아무 일 없이 빈손으로 보고를 준비할 때면 소득이 없다는 생각에 조바심이 든다. '내가 능력이 부족한가' 하는 자괴감에 빠지곤 한다.

길거리에서 시민들을 인터뷰할 때도 마찬가지였다. 여의도공원을 걷고 있는데 어떤 사람이 기자라며 말을 걸고 어떤 현안에 대한 의견을 묻는다. 게다가 기사에 실을 사진을 찍어도 되느냐고도 한다. 열 명 중 아홉 명이 거절해도 할 말이 없다고 생각했다. 수없이 거절당했던 그 시절을 떠올리면 계속 기자 생활을 하는 내가 기특해진다.

• 수습기자를 하는 몇 개월 동안 경찰서에서 숙식하며 취재하는 것을 뜻하는 은어.

그런 과정을 거쳐 발견한 내 장점은 공감 능력이다. 인터뷰 기사를 전문으로 하는 기자가 되고 싶다고 생각해왔다. 취재원과의 소통에는 자신이 있었다. 그리고 내가 쓴 글이 취재원을 빛나게 하길 바랐다.

그런데 소년범과의 인터뷰는 내 예상을 비껴갔다.

처음 만난 아이는 열아홉 살 윤서였다. 지방의 한 보호처분 시설에서 만난 윤서는 당황스러울 정도로 말이 없었고, 싸늘한 눈빛과 목소리로 우리를 대했다. 윤서는 어쩔 수 없이 이 자리에 앉아 있지만 내가 왜 여기에 있어야 하는지 모르겠다는 눈빛으로 설문 조사 문항을 풀었다.

"이 부분은 왜 이렇게 적었어?" "무슨 의미인지 물어봐도 될까?" 하고 물었더니 윤서는 "네" "아니요" "글쎄요" "잘 모르겠어요"라는 네 가지 답을 돌아가면서 했다.

'다른 아이들과의 인터뷰도 이렇게 어려울까? 이런 식이라면 취재가 안 되는데……'

갑자기 머릿속이 복잡해졌다. 윤서가 잠깐 화장실에 간 사이 기관 관계자에게 도움을 청했다.

"윤서가 원래 말이 없나요?"

"자기 속내를 말하지 않는 애예요. 오늘은 평소보다 많이 하는 건데……"

나중에야 알았다. 인터뷰 직전에 윤서의 보호처분 조치가 연장됐다. 그래서 판사에게도, 기관 선생님에게도, 어쩌면 이 세상의 모든 어른에게 불만이 가득한 상태였다.

윤서의 엄마는 "윤서를 감당할 준비가 되지 않았다"고 기관에 말했다. 아이가 너무 무섭고, 특히 화를 낼 때면 도저히 혼자 힘으로 감당할 수 없다고, 기관에서 이 아이를 좀 더 오래 맡아줄 방법을 찾아줬으면 좋겠다고, 윤서 몰래 기관에 부탁했다. 이를 모르는 윤서는 "하루빨리 엄마와 함께 지내고 싶다"고 말했다. 곧 성인이 되는 윤서에게 기관은 감옥과 같았다.

부모가 자식을 감당하기 힘들다고 털어놓는 일. 그래서 아이가 집으로 돌아가지 못하는 일. 소년범의 세계에선 흔한 일이다. 윤서의 차가운 눈빛이 이해가 됐다. 윤서는 알고 있었을 것이다. 이 감옥 같은 곳에서 벗어날 수 있을 거란 희망이 산산조각 났다는 사실을 말이다.

나는 '안정적인' 가정에서 자랐다. 어린 시절 부모님이 나를 돌보지 않는다는 걸 상상해본 적도 없다. 학교에 우산을 가져가지 않았는데 갑자기 비가 오면 열 번 중 여덟 번은 엄마가 교문 앞에서 우산을 들고 서 있었다. 오히려 교문에 엄마가 서 있지 않으면 서운했다. 이제 와 생각해보니 복에 겨운 거였다.

먹고 싶은 거나 사고 싶은 게 있으면 거리낌 없이 엄마, 아빠에게 말했다. 나 역시 감당하기 버거운 딸은 아니었다. 사춘기도 오래 앓지 않았다. 부모님이 내게 쏟는 관심과 애정이 컸고, 그 사랑이 내게 버겁지 않았기 때문이 아닐까 짐작한다.

인터뷰할 때는 상대의 마음에 온전히 공감할 수 있어야 하는데,

내가 그럴 수 있을까 하는 생각이 들었다. 짐작하는 것과 경험하는 건 다르니까. 윤서의 배경을 들으며 생소했고 그래서 더 조심스러웠다.

첫 인터뷰를 마치고 앞으로 있을 여러 인터뷰에서 내가 어떻게 임해야 하는가에 대해 다시 생각하게 됐다. 취재의 여러 단계 가운데 인터뷰가 가장 자신 있었는데, 십 대 청소년을 만나며 그 자신감이 무너졌다.

대답보다 질문이 더 길 때가 많았다. 아이들은 자주 횡설수설했고, 시간의 순서와 관계없이 말했다. 인터뷰의 한 대목을 짧게 소개하자면 다음과 같다(윤서와의 인터뷰는 아니다).

—

Q. 어떤 일로 재판을 받은 거예요?

A. 무면허랑 특수절도랑 폭행으로요.

Q. 무면허면 직접 운전했어요?

A. 친구들이랑 같이 했어요. 처음에는 애들이 많았는데 나중에는 두 명으로 줄어들었어요. 갑자기 가버려서. 도망간 건 아니고 그냥 집에 간다며 가버려서. 처음에는 네 명이 차를 뽑아서 차만 뽑고 세 명은 가고, 그 남자애 한 명은 저랑 친한 애였거든요. 걔랑 차 가지고 옆 동네에 가서 놀았어요, 둘이서.

Q. 그냥 재밌어서 했다고 생각하면 될까요?

A. (끄덕)

Q. 렌트를 어디서 했어요?

A. 렌트한 게 아니라 훔쳤어요.

Q. 친구가 하자고 했던 거예요?

A. 그건 친구가 하자고 했고, 다른 것도 열 건 넘게 있고 그래서 재판을 받은 거예요.

Q. 재판 과정은 어땠어요?

A. 음……. 그냥 심장이 떨렸어요.

Q. 판사님 만나서?

A. 네.

—

'그것'은 무엇이고 '열 건'은 어떤 사건들이며, 같이 차를 훔친 친구들은 도대체 몇 명일까. 아이들의 짤막한 답으로는 사건을 구체적으로 재구성하기가 쉽지 않았다. 어떤 일에 대해 자세히 듣기 위해서는 최소 네다섯 개의 질문이 필요했다. 어떤 마음인지를 알기 위해서는 더 많은 질문이 필요했다.

아이들의 아픈 기억은 물론, 본인들의 잘못을 고백하게 하려면 짧은 시간 내에 아이들의 마음을 열어야 했다. 필살기 같은 건 딱히 없었다. 진심으로 듣는 것. 그뿐이었다. "대체 왜?"라는 식의 질문은 피했다. 나는 수사관도 상담사도 아니었기 때문이다.

아이들의 말 속에서 진짜와 거짓을 구분하는 것 역시 어려웠다. 기관의 도움이 없었다면 더 힘들었을 것이다. 기관 선생님께 묻고 또 물으며 진짜 이 아이가 겪었을 일들에 대해 깊이 생각했다.

소년의 죄

아이들을 인터뷰하는 내내 우리가 공통으로 한 생각이 있다.

—

'좋은 어른이 되고 싶다.'

—

이십 대 기자인 우리에게 어른이란 사실 먼 개념으로 느껴졌다. 그래서 진지하게 고민한 적이 별로 없었다. 나이가 들면 저절로 어른이 되는 줄만 알았다.

어른들에게 말 그대로 이용당하고 상처받고, 그러면서도 어른의 모습을 닮아가던 아이들을 바라보며 '좋은 어른'이 되고 싶어졌다.

자연히 좋은 어른이란 어떤 사람인지 깊이 고민하게 됐다. '우리의 기억 속에 누가 좋은 어른으로 남아 있을까?'

아이들 앞에 '어른'으로 섰던 우리는 아이들의 이야기를 최대한 진심으로 듣기 위해 노력했다. 설령 아이들의 이야기가 거짓이라도 우리가 생각하는 좋은 어른이란 끝까지 믿고 존중해주는 존재라는 것이 떠올랐기 때문이다.

아이들의 말은 뒤죽박죽일 때가 많았다. '거짓말 아닐까?' 하고 의심했던 순간이 없었던 건 아니다. 아이들도 어른과 마찬가지로 자기에게 불리한 이야기보단 유리한 이야기를 더 많이 했다. 억울함을 표현하는 때도 있었다. 글을 쓸 땐 기관의 도움을 받아 사실관계를 체크하기 위해 애썼지만 인터뷰 때는 아이들의 이야기를 그대로 들어줬다. 그것이 우리가 표할 수 있는 최소한의 예의이자, 진심이었다. 아이들은 끄덕이거나 미소 짓는 사소한 제스처에도 기뻐했다.

아이들은 고아원에서 형이나 선생님에게 맞으며 지냈다는 얘기를 웃음기 띤 얼굴로 털어놓았다. 아무렇지 않다는 듯, 일상이라는 듯이.

누군가 이야기를 들어줬다면 아이들의 삶은 달라졌을까? 우리가 취재한 대부분의 아이들은 무관심과 학대 속에서 자랐다. 아이들의 이야기를 듣고도 어른들은 무시하거나 오히려 약점을 이용해 비행의 길로, 더 나아가 범죄의 길로 이끌었다.

우리가 만난 아이들은 여느 아이들과 같았다. 미래에 대해, 친구와의 관계에 대해, 부모와의 관계에 대해 고민하는 '보통의 아이'였다. 하지만 우리 사회는 소년범의 이야기를 듣기도 전에 색안경을 낀다. 소년범을 향한 편견은 강해지고 아이들은 더 굳게 마음의 문을 닫는다.

아이들의 이야기에 우리가 귀 기울여야 하는 이유는, 우리 역시 그들의 죄로부터 자유롭지 않기 때문이다. 소년범의 삶 속에는 늘

나쁜 어른들이 있었다. 일탈의 순간, 말리기는커녕 부추기거나 가
르쳐 범죄의 길로 들어서게 했다. 소년의 죄를 기록하다 보니 어른
의 죄가 드러났다.

이 책에 등장하는 아이들의 이름은 전부 가명이다. 아이들의 세
계는 좁다. 서로의 사연을 훤히 알고 있다. 아이들은 서로에게 낙인
을 찍는다. 우리 사회가 그러하듯.

그동안 언론에서 소년범을 다뤄온 방식은 분명 잘못됐다. 기관
에서는 취재한 것과 다르게 아이들의 사연을 자극적으로 재가공하
거나, 모자이크를 약속해놓고는 제대로 가리지 않은 언론사도 더
러 있었다고 털어놨다. 수정을 요구해도 무시하거나 연락을 끊는
경우도 있었다고 했다. 취재 협조를 요청할 때 우리는 다를 것이라
고 약속했다. 아이들의 남은 삶에 우리의 기록이 오점이 되거나 또
다른 낙인으로 남지 않게 하겠다고.

이 책에서도 그 약속은 유효하다. 아이들의 이름과 사는 지역은
가렸다. 개인적인 사연은 최대한 덜어냈다. 아이들의 이야기는 특
별하거나 특이하지 않다. 모두 우리 곁에 있는 평범한 아이들의 이
야기다. 하나하나 귀 기울여주길 바란다. 어쩌면 우리가 이 아이들
을 수렁에서 구할 수 있을지도 모른다.

어른들은 무엇을 해야 하는가

나의 첫 단독 기사는 십 대 청소년들의 집단 폭행 사건에 관한 것이었다. 피해자인 소녀는 가해자 중 한 명과 함께 살기도 한 친구 사이였다.

여러 명의 소년 소녀들이 또래 친구를 괴롭힌 사건. 아이들은 성매매와 조건 만남을 강요했으며 신체적 폭행과 성적인 학대 등을 가했다. 모텔에 감금하기도 했다.

피해자는 가출 생활을 하며 가해자들을 알게 됐다. 서로 자란 동네는 비슷했지만 출신 학교가 달라 그 인연을 파악하기 어려웠던 기억이 난다. 그들의 관계는 삽시간에 뒤틀렸다. 그 안에는 경제적인 문제, 연애 관계 등 짧은 인터뷰만으로는 이해하기 어려운 여러 이유가 복잡하게 얽혀 있었다.

피해자에게 가해자 한 명 한 명과 어떤 관계인지 물었지만 또렷한 답이 되돌아오지 않았다. 가출이나 자취 등을 하다 보면 친구의 친구, 또 그들의 친구로 금세 인간관계가 넓어진다. 어른이 없는 공간만 있으면 십 대들은 쉽게 모이고 흩어진다.

피해자에게 피해 사실을 묻는 것은 늘 어렵다. 수습기자였던 내게는 더욱 어려운 과제였다. "이런 기억을 다시 떠올리게 해서 미안해요"라는 말을 수차례 반복했다. 피해자는 "내가 겪은 일을 꼭 전하고 싶다"라고 말했다.

내가 이 사건을 알게 된 계기는 제보였다. 하지만 당시 사건은 기사뿐 아니라 페이스북을 통해서도 널리 알려졌다. 피해자의 친구들은 이 사건을 페이스북 게시물을 통해 공론화했다. 가해자들의 신상은 빠르게 퍼져나갔다. 십 대들은 댓글로 서로의 친구에게 해당 사실을 알리고, 가해자를 향한 욕설 섞인 댓글을 남기고 피해자를 위로했다. 이 방식의 옳고 그름에 대한 부분은 차치하고라도 십 대들의 문화를 엿볼 수 있는 대목이다.

되돌아보면 아쉬움이 많이 남는 취재다. 당시 나는 서울 모 경찰서에서 '하리꼬미'를 하고 있었다. 해당 사건은 경기도 관할 경찰서 담당이었다. 사실관계 확인을 위해 해당 경찰서로 연락을 취했지만 끝까지 추적하지는 못했다. 매일 다른 과제가 쏟아지는 상황에서 해당 사건에만 매달릴 수는 없었다. 마음의 여유도 없었다. 더 많은 성과를 내야 한다고 생각했다.

그 사건이 어떻게 끝을 맺었는지, 가해자들은 어떤 처분을 받았는지 끝까지 취재하지 못했다. 나중에 대부분의 가해자들이 소년원에 갔다고 전해 들었다. 나는 가해자를 대면할 용기가 없었다. 피해자의 피해 규모가 컸고, 가해자의 이야기를 듣더라도 취재에 도움이 되지 않을 거란 편견도 있었다. 지금은 가해자들의 이야기를 들을 때가 아니라고 생각했다.

만약 그때 가해자들을 만났다면 그들은 무슨 얘기를 들려줬을까?

수습기자 때의 나는 누군가의 피해 사실을 기사로 쓰는 것조차 조심스러웠다. 용기를 내준 그때의 피해자에게 고마운 마음을 전하고 싶다. 이미 휘발된 이야기를 다시 꺼내는 것이 조심스럽지만, 십 대의 범죄가 얼마나 끔찍해질 수 있는지 나 역시 목격했다는 점을 말하고 싶었다.

—

'십 대들은 주체적 존재다.'

—

이 책을 읽는 누군가는 아이들이 수동적 존재처럼 느껴진다고 평가할 수도 있을 것이다. 아이들을 유약한 존재로 그리고 싶진 않았다. 그러나 여러 일화 속에서 아이들은 친구에게, 부모에게, 학교에게, 때로는 학교 밖에서 만난 어른에게 너무나 유약한 모습으로 흔들렸다.

분명한 사실은 많은 소년범이 스스로 선택했다는 점이다. 조건 만남 사기 같은 일부 사건에서 등 떠밀려 범죄를 저지르는 사례도 있긴 하다. 그럼에도 자기가 선택한 것에 대한 무게를 알아야 한다는 주장에 동의한다. 이를테면 아이들의 비행에는 이유가 없는 경우도 있었다. "재밌어 보여서" "아무 생각 없이"라는 간단한 말로 넘어가기엔 그 행위의 결과가 너무나 심각했던 경우도 부지기수다. 많은 경우 '아이들의 선택은 온전히 아이들의 몫'이라고 생각할 수 있다. 그 생각이 틀렸다고 할 수 없다. 아이들은 주체적 존재이고, 스스로 선택했기 때문이다.

다만, 아이들이 주체적 존재라는 점과 아이들이 '스스로를 구할 수 있다는 것'은 다른 의미임을 강조하고 싶다. 아이들은 언제나 자기 삶에서 주체적 선택을 했을지 모르지만, 그것이 정말 온전히 아이들의 의지일까, 우리는 돌아볼 필요가 있다.

—

'우리 모두에게는 같은 선택지가 주어지지 않는다.'

—

똑같은 갈등 상황에 놓여 있다고 해도 우리는 각자가 처한 환경과 경험에 따라 다른 선택을 한다. 현실은 때때로 잔혹하다. 우리의 선택은 종종 온전히 우리의 것이 아니다.

비행 청소년들을 만나며 이런 생각을 자주 했다.

—

'왜 다른 선택을 하지 않았지?'

—

하지만 그 질문은 어느샌가 '그 아이에게 다른 선택지가 있었다면 어땠을까?' 하는 생각으로 바뀌었다. "왜 이렇게 하지 않았니?"라는 질문에 "그런 생각은 해본 적이 없는데요" 하는 답이 꽤 자주 돌아왔기 때문이다. 어떤 아이들은 다른 선택지가 없었다. 그것은 아이들이 자란 환경 때문이기도 하고, 아이들이 만난 어른의 잘못이기도 하다.

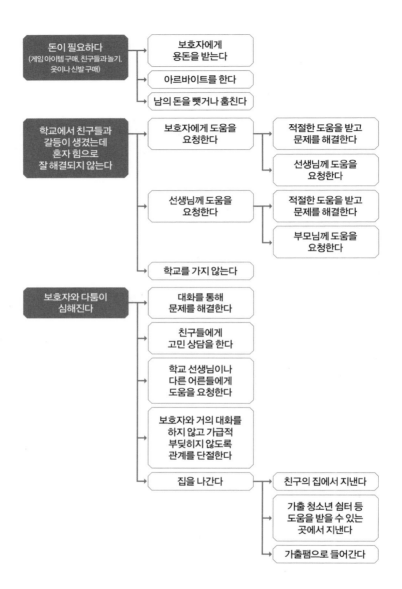

돈이 필요하다 (게임 아이템 구매, 친구들과 놀기, 옷이나 신발 구매)	→	보호자에게 용돈을 받는다		
	→	아르바이트를 한다		
	→	남의 돈을 뺏거나 훔친다		

학교에서 친구들과 갈등이 생겼는데 혼자 힘으로 잘 해결되지 않는다
→ 보호자에게 도움을 요청한다
→ 적절한 도움을 받고 문제를 해결한다
→ 선생님께 도움을 요청한다
→ 선생님께 도움을 요청한다
→ 적절한 도움을 받고 문제를 해결한다
→ 부모님께 도움을 요청한다
→ 학교를 가지 않는다

보호자와 다툼이 심해진다
→ 대화를 통해 문제를 해결한다
→ 친구들에게 고민 상담을 한다
→ 학교 선생님이나 다른 어른들에게 도움을 요청한다
→ 보호자와 거의 대화를 하지 않고 가급적 부딪히지 않도록 관계를 단절한다
→ 집을 나간다
→ 친구의 집에서 지낸다
→ 가출 청소년 쉼터 등 도움을 받을 수 있는 곳에서 지낸다
→ 가출팸으로 들어간다

예를 들어보자. 사고 싶은 게임 아이템이 생겼을 때, 아이 앞에는 무수히 많은 선택지가 있다. 보호자에게 용돈을 달라고 할 수도 있지만, 주변 친구들에게 돈을 빌릴 생각을 먼저 할 수도 있다. 평소 만만하게 여기던 친구에게 빌리면, 이자도 없이 오랫동안 안 갚아도 되리라는 생각을 할 수도 있다. 인터넷 중고나라 카페에서 가짜로 물건을 올리고, 사기를 쳐서 소소하게 돈을 번 적이 있다는 친구나 선배의 경험담이 불현듯 스쳐 지나갈 수도 있다.

여기서부터 아이들은 서로 다른 선택을 한다. 그 선택은 개인의 양심이나 도덕성에 기대기도, 주변 환경에 의해 결정되기도 한다. 보호자에게 돈을 받아 '그깟' 아이템쯤 쉽게 사는 아이들도 있겠지만, 보호자에게 말조차 못 꺼내는 아이들도 있을 것이다. 절도 같은 극단적 방법이라도, 가볍게 던진 한마디에 "야, 좋은 생각인데? 같이 하자. 내가 망볼게" 하고 호응해주는 친구가 있다면? 금세 용기를 얻는다. 결과는 범죄지만 아이들은 그 순간을 재미로 인식한다.

친구에게 돈을 빌리다가 '사고'를 내는 아이들도 많다. 돈이라는 것이 늘 부족한 아이들에겐 돈을 빌려주는 행위 역시 일종의 도박처럼 돈을 '불리는' 행위로 인식되기 때문이다. 그러니까, 누구한테 돈을 빌리느냐 하는 찰나의 선택조차 다른 결과를 낳을 수 있다는 거다. 일련의 과정에서 문제에 대해 의논할 사람이 있다면 사고의 가능성을 줄일 수 있다.

그래서 우리는 이제 질문을 바꿔야 한다.

—

수렁에 빠진 아이들은 스스로 '나'를 구할 수 있을까?

만약 그럴 수 없다면 어른들은 무엇을 해야 하는가?

2

소년범에 대해 알아야 할 몇 가지 것들

모두가 외면하는 소년범의 이야기를 왜 우리 사회가 귀 기울여 들어야 할까? 소년범 문제에 해답이 있을까? 우리는 이 문제를 옳은 방식으로 바라보고 있을까?

우리가 우려하는 몇 가지 쟁점은 다음과 같았다.

—

1. 소년범은 가해자다. 가해자에게 서사를 부여하는 게 적절한 걸까?
2. 소년범의 이야기가 가해자 미화로 왜곡되진 않을까? 그러지 않으려면 어떻게 해야 할까?
3. 소년범을 성인범과 다른 관점에서 접근하는 건 적절한 걸까?
4. 어떤 아이들이 소년범이 되는지 규정할 수 있을까?
5. 소년범 문제를 해결할 방법은 무엇일까?
6. 소년범 문제가 우리 모두의 문제로 인식되려면 어떻게 해야 할까?

—

우리는 이수정 경기대 범죄심리학과 교수를 만나 소년범에 대해 물었다. 이 교수는 오랜 시간 여러 언론 인터뷰 등을 통해 소년범 문제는 소년범 개인의 문제가 아닌 사회 전체의 문제임을 강조해 왔다.

인터뷰 요청을 흔쾌히 수락한 이 교수는 "소년범이 처한 현실을 이야기할 수 있어서, 그 입장을 대변할 기회가 주어져서 다행"이라 며 반겼다. 우리의 가장 큰 고민은, 소년범을 향한 엄벌주의 여론이 었다. 이 교수는 "진짜 문제는 엄벌한 이후 이 아이들이 대체 어떻게 되느냐는 것"이라고 단호하게 말했다.

—

"대안이라는 게 기껏 처벌을 엄중히 해야 한다는 얘기뿐인데, 생각해보면 아이들이 나이가 매우 어리기 때문에 엄벌을 해봤자 15년에서 20년, 그렇게 소년원이나 교도소에서 살다 나오면 고작 서른다섯 살 정도예요. 이미 사회화가 끝난 상황에서 출소한 서른다섯 살 성인이 뭘 할 수 있을까요? 취업도 안 되고, 결혼도 불가능할 테고, 돌아갈 가정도 없고, 평생을 전과자로 계속 교도소를 들락날락하며 비사회화된 인물이 되는 것 외에 어떤 선택지가 있을까요?"

—

촉법소년의 연령을 낮추거나 소년법을 폐지하면 문제가 단순해질 거라고 기대하는 사람들이 많다. 하지만 그렇지 않다. 소년범들의 재사회화가 영원히 불가능해지는 동시에 성인범의 양산으로 이어 질 우려가 매우 커지기 때문이다. 이 교수도 이 점을 지적했다. 한 번 범죄를 저지른 사람을 영원히 사회로부터 격리시키는 일이 가능하다면 모르겠지만 당연히 그건 현실적으로 불가능하다.

이 교수는 소년범 문제와 아동 학대 문제를 연결 지어 생각할 필요가 있다고 강조했다. 이 교수는 이렇게 설명했다.

—

"입건돼 오는 아이들을 보면 환경이 너무 취약해요. 부모가 경찰서에 와서 아이들을 데려가야 하는데, 대부분 안 오죠. '아이한테 시간 뺏기고 싶지 않다. 내 인생도 구제하기 어려운데.' 이런 부모들이 널렸다는 거예요."

—

여성 소년범들의 죄목을 살펴보면 성범죄가 꽤 많다. 죄명은 대부분 성매매 알선 및 강요다. 가정환경이 취약하면 아이들은 길바닥으로 내몰리게 된다. 특히 여자아이들은 돈과 안전이라는 문제에 자연스레 부딪힌다. 이때 몇몇 아이들은 성매매를 하거나 조건 만남 혹은 조건 만남 사기에 가담하게 된다.

범죄의 피라미드는 성별과 나이에 따라 세워진다. 성인이 십 대를 착취하고, 십 대 남자아이가 안전을 담보로 십 대 여자아이를 착취하고, 여자아이들이 자기보다 어린 여자아이들을 착취하는 구조다.

—

"이 여자아이들의 과거를 보면 대부분 임신과 출산, 낙태, 비속 살해 등의 경험이 있어요. 길에서 3년만 지내도 이런 일이 비일비재하죠. 성매수 남성들이 콘돔을 끼고 싶어 하지 않는 등 보호받지 못하는 성관계를 흔히 경험하니까요. 전혀 준비되지 않은 상태에서 엄마가 되는 거죠. 아동 학대 치사 사건들을 찬찬히 살펴보면 이십 대 초반들도 많아요. 그들의 십 대 시절은 어땠을까요? 이렇게 학대는 이미 대물림이 되고 있어요. 세상 끝에, 낭떠러지에 겨우 매달려 있는 사람들이 너무나 많은 거예요."

—

그러니까, 소년범 문제는 십 대들만의 문제, 그 '악마 같은' 개인의 문제라고 쉽게 치부할 수 없다는 이야기다. 모든 일련의 현상들은 사실 연결돼 있다는 이 교수의 설명이 크게 와닿았다.

학교폭력 문제에 대해서도 물었다. 이 문제는 피해자가 있는 데다가 학교라는 특수한 공간 때문에 피해자와 가해자가 제대로 분리되지 못하는 경우도 많아 해결이 어렵다. 무조건적인 분리만이 답인지도 궁금했다. 우리가 만난 소년범 중에는 학교폭력이 시발점이 돼 보호처분을 받은 아이들도 있었는데, 억울해하는 경우가 많았다. 자기 역시 피해자라는 것이었다.

소년범의 이야기가 100퍼센트 사실이라고 생각하지는 않는다. 그렇지만 학교라는 특수한 공간 속에서 피해자와 가해자 사이의 관계 회복까지는 아니더라도 최소한의 사과와 반성 등의 절차는 필요해 보였다. 어떤 아이들은 자기가 벌인 일의 결과를 보고도 반성하지 않았다. 이에 대해 이 교수는 학교폭력 문제를 단순히 개인만의 잘못이라 여기는 사회적 관점을 바꿀 필요가 있다고 조언했다.

—

"폭력이 일상화돼 있는 스포츠계를 예로 들어봅시다. 훈련이라는 명목으로 코치가 아이를 패고, 선배가 후배를 패는 구조 속에서 아이들의 폭력에 대한 감수성이 얼마나 떨어질까요? 이런 문제를 개인의 문제로 볼 것인지, 아동·청소년 전반의 문제로 볼 것인지 사회가 선택할 필요가 있다는 거예요.

단적인 예를 들어볼까요. 2020년에 큰 문제가 되었던 '텔레그램 성 착취 범죄'에서 왜 상습 성 착취 피해자는 십 대가 많았을까요? 자위하는 영상이 본인한테 좋을 리 없는 것을 알면서도, 왜 순응할까요? 그건 청소년기의 특징인 거예요. 깊이 생각하지 못하고, 자신이 하는 일의 결과를 예측하지 못하는 거예요. 그런데 이런 아이들을 보호하는 대신, 무슨 일만 일어나면 '전부 네 책임이다, 네가 악마다' 이렇게 손가락질만 하면 그게 대안이 될 수 있겠냐는 거예요."

—

해결책은 멀게만 느껴졌다. 손대는 것조차 어려워 보였다. 너무나도 많은 구조적 문제가 얽혀 있기 때문이다. 이 교수 역시 "혁신적 해결안은 존재하지 않는다"라고 했다. 그리고 "애당초 우리가 모든 아이의 부모가 되어줄 순 없지 않느냐" 하고 되물었다.

그러나 인터뷰를 통해 명확해진 사실도 있었다. 피해 회복에 진짜 나서야 하는 주체는 어른들이다. 지금 학교폭력 문제를 지켜보면 이 문제를 책임질 주체에 학교가 빠져 있는 경우가 많다. 이 점을 이 교수 역시 지적했다.

—

"학교는 아이(피해자)를 안전하게 보호할 의무가 있는데, 현실에서는 문제가 발생했을 때 그 책임을 지고 있지 않아요. 영미권 국가에서는 이런 일이 발생하면 교육기관에 손해배상을 청구하고 소송을 걸어요. 그렇다면 학교도 피해자 지원을 하지 않을 수 없겠죠. 그런데 지금은 어떤가요. 오히려 피해자가 학교를 떠나는 상황이 되는 거예요. 가해자만 무조건 처벌받게 한다고 이 문제가 해결되지는 않아요. 피해자에게 필요한 일을 생각할 때라는 겁니다."

일러두기

1. 이 책에서 다루려는 범죄

소년범이라는 말은 매우 포괄적이다. 범죄를 저지른 미성년자를 주로 지칭하는 개념이지만 범죄의 종류에 따라 소년범의 성격은 확연히 다르다. 우리가 이 책을 쓰기 전 가장 먼저 한 일은 범죄의 종류를 나누는 것이었다(우리가 정한 범죄의 층위는 정확한 구분이 아니다. 우리의 기준은 '많은 사람이 공감할 수 있는 정도'였다).

살인과 같은 강력 범죄는 가장 높은 수위의 범주에 속한다고 보았다. 이러한 범죄는 우리의 논의에서 제외해야 한다고 생각했다. 한국청소년정책연구원 이유진 선임연구위원의 말에 많은 영향을 받았다.

—

"비행의 수준은 세 단계 정도로 보는데요. 인천 초등생 사건˙과 같은 잔혹한 사

• 2017년 인천에서 만 16세 소녀가 당시 초등학교 2학년이던 아이를 유괴해 살인한 사건. 당시 사건을 방조한 공범은 만 18세였다.

| 보호처분 요약표 |

· 보호처분에는 열 가지 종류가 있는데 요약하면 다음과 같다.

구분	보호처분의 종류	기간 또는 시간 제한	대상 연령
1	보호자 또는 보호자를 대신하여 소년을 보호할 수 있는 사람에게 감호 위탁	6개월 (6개월 연장 가능)	10세 이상
2	수강명령	100시간 이내	12세 이상
3	사회봉사명령	200시간 이상	14세 이상
4	보호관찰관의 단기 보호관찰	1년	10세 이상
5	보호관찰관의 장기 보호관찰	2년 (1년 연장 가능)	10세 이상
6	「아동복지법」에 따른 아동 복지시설이나 그 밖의 소년 보호시설에 감호 위탁	6개월 (6개월 연장 가능)	10세 이상
7	병원, 요양소 또는 「보호소년 등의 처우에 관한 법률」에 따른 소년의료보호시설에 위탁	6개월 (6개월 연장 가능)	10세 이상
8	1개월 이내의 소년원 송치	1개월 이내	10세 이상
9	단기 소년원 송치	6개월 이내	10세 이상
10	장기 소년원 송치	2년 이내	12세 이상

건들은 사실 청소년만의 문제로 볼 수 없는, 성인 범죄와 함께 다뤄야 하는 문제이고요. 그 밑의 단계는 흔히 보호처분을 받게 되는 수준의 범죄인데요. 소년원에 가게 되는 폭행 사건 등이 있겠죠. 더 낮은 층위는 학교폭력이나 괴롭힘 등이 있을 수 있어요. 전부 범죄의 층위가 다른데 뭉뚱그려 이야기하면 대책을 세우기

가 어려워질 거예요."

—

우리가 이 책에서 다루는 것은 가장 하위에 있는 청소년의 비행과 그 비행이 범죄로 이어진 경우 등 두 가지 층위다. 음주, 흡연, 가출부터 학교폭력, 절도, 폭행 등이 있다. 보호처분을 받는 아이들 대부분이 학교폭력 등의 경험이 있었다. 보호처분이 이뤄지기 전에 여러 번 비행을 저질렀다.

법적으로는 1호부터 10호까지로 구분되는 보호처분을 받은 아이들에 관한 이야기다. 소년범 이후의 삶을 다루는 꼭지에는 소년교도소를 다녀온 사례자도 포함돼 있지만, 그러할 때는 별도로 표기했다.

2. 가해자가 된 피해자

'어떤 가해자는 가해자이기 전에 피해자였다.'

이 명제는 '피해자가 가해자가 된다'라는 뜻이 아님을 분명히 밝히고 싶다. 소년범이 하늘에서 뚝 떨어진 악마가 아니라는 의미다. 온전한 가해자란 존재하지 않는다. 우리가 만난 소년범 대부분은 이 명제를 증명했다.

전문가들 또한 피해와 가해의 상관관계에 대해 자주 언급했다. 청소년들 가운데 유독 피해와 가해의 경험을 동시에 가진 사례가 많다고 했다. 그 피해의 종류는 학교폭력, 가정폭력 등 다양했고, 대부분의 경우 제대로 치유되지 않았다.

3. 부모의 책임

부모에게 소년범의 모든 책임을 떠넘겨서는 안 된다. 소년범 문제는 가정만의 문제가 아니다. 우리 사회의 문제다. 부모만 잘하면 된다는 식의 주장은 옳지 않다. 우리가 만난 많은 아이가 불안정한 가정환경에서 자랐다고 하더라도, 부모에게만 그 책임을 물을 수는 없다.

접촉

소년범을 만날 수 있는 곳은 기관뿐이었다. 여러 기관을 동시에 알아봐야 했다. 보통 몇십 명 정도를 수용할 수 있는, 작은 규모였다. 여러 곳을 동시다발적으로 접촉해야 했다.

언론에 노출된 적 있는 곳부터 접촉했다. 기관들은 언론 노출을 꺼린다. 게다가 기관에서 지내는 아이들을 만나게 해달라는 부탁이라면 더더욱 그렇다. 담당자들은 경계했다. 특히 기획 의도를 궁금해했다. 그간 언론이 소년범죄를 다루며 보여온 시각 때문이었다. 담당자들은 기획안을 살펴보고 연락하겠다고 했다.

아이들을 만나게 해줘도 보도 과정에서 취지가 왜곡되거나 애초에 설명했던 의도와 다르게 보도되는 경우가 제법 많았다는 이야기를 시설 담당자로부터 듣기도 했다. 기관에 보낸 우리의 기획 의도는 다음과 같았다.

—

대구 여중생 성폭행 사건, 서울 관악산 고교생 집단 폭행 사건 등 청소년이 가해자인 충격적인 사건이 발생할 때마다 국민은 분노했습니다.

관련 범죄가 언론에 보도될 때마다 여론은 "과거와 달리 청소년이 어릴 때부터 범죄에 노출되기 쉬우니 처벌 나이를 낮춰야 한다. 소년법이 있어도 제대로 처벌되지 않으니 청소년이 범죄를 반복한다"라고 꾸짖었습니다.

하지만 엄벌주의가 실제로 청소년의 범죄를 줄이는 데 도움이 될까요? 도덕규범이 제대로 형성되기 전인 청소년 시기라는 특성을 살피지 않고 처벌만 강화하는 게 건강한 논의일까요?

『서울신문』의 '소년, 범죄의 굴레에 갇히다'(가제) 시리즈는 이 의문에서 시작합니다. 소년원을 다녀와도, 보호관찰 기간을 거쳐도, 더 큰 범죄의 전이로 연결되는 현실 속에서 사회가 청소년들에게만 모든 책임을 전가하는 것은 옳지 않다고 생각했습니다.

『서울신문』은 보호처분을 받는 청소년들과 소년원을 출소한 뒤 시설에서 온전한 자립을 위해 살아가고 있는 청소년들을 상대로 설문 조사와 심층 면접을 해 문제의 원인과 해결책을 찾아보려 합니다.

취재팀은 가정환경, 재범률, 가출 경험, 처음 범죄를 저지른 나이 등 심도 있는 설문을 통해 이들의 삶의 궤적을 추적할 것입니다. 현재 비행 청소년들을 위한 사회의 여러 제도에서 보완할 지점은 없는지, 해당 제도를 거쳐온 청소년이 온전히 자립하고 정착했는지 등을 돌아보며 청소년 범죄를 근절할 올바른 방향성을 사법적·교육적 측면에서 검토해 제시할 계획입니다.

—

전문가 섭외도 쉽지 않았다. 그중 한 분은 이렇게 말했다.

—

"화가 난 민심이 받아들이기는 조금 어려운 이야기라서, 짧은 인터뷰만으로는 제가 그간 하려고 했던 차분한 설명들이 다소 왜곡된 방향으로 받아들여지는 것을 여러 번 봤습니다. 스스로 한계를 느꼈습니다."

—

답변을 기다리는 과정은 길게만 느껴졌다. 수락의 답변이 올 때마다 뛸 듯이 기뻤다. 그중 한 기관의 답장이 기억에 남는다.

—

"기자님, 메일 잘 받았습니다. 일단 기획 의도가 마음에 들었습니다. 그동안 언론에서, 특히 방송에서 보도되는 내용을 보면, 다각도가 아닌 단편적이고 한쪽에 치우친 부분들이 많았어요. 오보도 있었고요. 만약 제게 시간이 있었다면 일일이 수정 보도를 요청했을 텐데⋯⋯. 그러기에는 시설 생활이 너무나 바쁩니다. 곧 방문 가능한 날짜를 일러드릴게요."

소년범을 직접 만나는 것이 우리 취재의 출발점이었다. 그러나 동시에 물리적으로 어려운 일이었다. 아이들이 언론과 접촉하는 것을 꺼리는 기관도 있었기에 섭외가 쉽지 않았다. 모든 아이를 대면하기란 불가능에 가까웠다. 설문 조사로 최대한 많은 정보를 얻고자 했다. 설문 조사는 가장 기본적인 취재 방법이다. 설문 조사의 내용은 인터뷰할 때에도 일종의 '기초 조사 자료'로 활용됐다. 아이들의 이야기는 뒤죽박죽인 경우가 많아 비교적 정리된 답이라 할 수 있는 설문 조사가 필수적이었다.

그래서 문항에 공을 들였다. 처음 문항을 정리했을 땐 분량이 16쪽가량 되었다. 전문가들은 "이렇게 긴 설문지를 풀 정도의 집중력을 발휘하기 어렵다"고 단호히 말했다. 시험 삼아 몇몇 아이들에게 10쪽에 달하는 설문 조사를 했는데 정말 그랬다. 예상했던 결과가 나오지 않았을뿐더러, 아이들은 문항을 읽는 자체에도 어려움을 느꼈다. 단어의 뜻을 묻는 아이들도 있었다. 기관과 전문가의 조언을 받아 문항을 거의 절반으로 줄였다.

이 단계부터 많은 수정을 해야 했다. 십 대라는 특성에 소년범이라는 특성이 더해져 예측하기 어려운 상황이 많았다. 이런 과정을 거쳐 나온 문항은 '보호자와의 관계' '가출 횟수' '경험한 비행의 종류' '첫 비행 당시의 상황이나 계기' 등이었다.

—

○ 보호처분의 경험이 앞으로의 삶에 어떤 영향을 미칠까요?

① 부정적인 영향을 미칠 것 같아 걱정된다.

② 부정적인 영향을 미칠 수도 있지만, 상관없다.

③ 영향을 미치지 않을 것이다.

④ 부정적인 영향을 미치겠지만 잘 이겨낼 자신이 있다.

⑤ 이 경험을 통해 많은 것을 배웠기 때문에 긍정적인 영향을 미치리라 생각한다.

⑥ 기타 (   )

○ 보호처분을 받고, 시설에 오게 됐을 때 어떤 생각을 했나요?

① 내가 저지른 죄에 비해 과한 처분이라고 생각했다.

② 내가 저지른 죄에 비해 약한 처분이라고 생각했다.

③ 내가 저지른 죄에 합당한 처분이라고 생각했다.

④ 기타 (   )

○ 비행 당시 어떤 생각을 했나요?

① 잘못된 일인 것을 알았지만 순간적으로 제어되지 않았다.

② 잘못된 일인 것을 알았지만 걸리거나 처벌받지 않으리라 생각했다.

③ 잘못된 일인 것을 알았지만 상관하지 않았다.

④ 잘못된 일이라고 생각하지 않았다.

⑤ 기타 (   )

○ 비행 사실이 알려졌을 때, 주 보호자의 반응은 어땠나요?

① 크게 화를 내며 나무랐다.

② 내가 그 행위를 왜 했는지 이유를 묻고, 왜 잘못된 것인지 가르쳤다.

③ 나를 감쌌다.

④ 아무런 반응을 하지 않았다.

⑤ 기타 (   )

―

여기에 더해 우리는 아이들의 속마음을 알고 싶었다. 왜 범죄의 길로 들어섰는지, 범죄를 저지를 때 혹은 저지른 이후에 심경이 어떠했는지 등을 들여다보고 싶었다. 인터뷰 때마다 심리 상담사와 동행하는 등의 방법을 생각했지만 이뤄지지 않았다. 그래서 생각한 것이 데이터 분석이었다. 우리는 아이들과의 인터뷰 기록을 데이터 분석 전문 업체에 맡겨 아이들의 말 속에 담긴 삶과 정서를 들여다보았다. 특히 젠더적 관점에서 살펴보고자 노력했다. 이는 후술하고자 한다.

아이들은 인터뷰의 베테랑이었다. 대부분 시설 입소 과정에서 수차례 상담을 받아본 경험이 있었다. 그 과정에서 이미 뻔한 질문에 대한 대답은 수없이 해봤을 것이다. 설문 조사도 비슷했다. 보호처분을 받기 전부터 문제아로 낙인찍힌 아이들에게 상담과 설문 조사 같은 절차는 너무나 익숙한 것이었다. 그래서 거짓으로 대답할 수도 있다는 사실을 늘 염두에 두어야 했다.

3
십
대
의
세
계

가영이

많은 어른이 '어떤 아이가 소년범이 될까?' 하고 궁금해한다. 여기에는 '내 아이는 소년범이 될 리 없다'라는 확신이 담겨 있다. 그래서 소년범을 성인처럼 처벌해야 한다고, 이들을 보호하는 소년법은 없어져야 한다고 주장한다. '내 아이는 아닐 것'이라는 어른들의 생각이 편견의 근원이 아닐까.

소년범은 그리 특별한 아이가 아니었다는 것, 심지어 보호자조차 특별한 징후를 느끼지 못했다는 것을 알려주고 싶다. 기관으로부터 한 통의 편지를 건네받은 적이 있다. 보호처분 기간이 끝나고 보호자가 아이를 데려가며 기관에 남긴 편지였다.

—

'천성이 착하고 명석해 쾌활했던 우리 아이가 사춘기를 혹독하게 겪으면서 어쩌다가 나쁜 친구들과 어울려 방황했지만, 기관에서 선생님을 만나 무한한 사랑과 헌신 덕분에 퇴소하게 됐습니다. 앞으로 작심삼일에 그치지 않고 아이가 본연의 자세로 돌아와 학업을 계속하고 미래를 열어나갈 것이라 확신하고 있습니다. 그 길만이 선생님의 은혜에 조금이나마 보답하는 것이라고 생각합니다.'

—

편지에는 여러 감정이 담겨 있었다. 우리 애는 나쁜 애가 아니라는 '믿음', 그렇지만 착하기만 한 딸은 아니었다는 '실망', 그리고 앞으로 친구만 잘 사귀면 다신 엇나가지 않을 거란 '희망'이 뒤섞여 있었다. 착하기만 한 딸이 절도와 폭력과 같은, 우리 가족의 일이라 생각지 않았던 범죄를 저질렀을 때 보호자는 절망하고 자책했다.

이 대목에서 다음과 같은 생각이 들 것이다.

—

'자기 자식에 대해 그렇게 모를 수 있나?'
'부모로서 자격이 없는 거 아니야?'

—

나 역시 가영을 만나기 전에는 그렇게 생각했다.

가영은 열여덟 살의 나이에 벌써 두 번째 6호 처분을 받고 시설에 들어왔다고 했다. 동그란 안경에 단정하게 묶어 올린 머리카락, 말갛고 하얀 피부의 가영은 온갖 종류의 비행 경험을 늘어놓았다.

—

"폭력이랑 절도, 차 털이, 조건 사기 같은 것도 해봤고, 이번에는 보호관찰 위반으로 들어왔어요. 사실 안 걸린 것도 있어요."

—

놀란 표정을 지으면 아이들은 입을 닫는다. 애써 태연한 척 "아, 정말요" 하고 대꾸했다.

—

"공부를 잘한 건 아니었는데, 긴 치마도 입고 착하게 지냈던 시절도 있어요. 엄마 말도 잘 들었고요."

—

보호처분 시설에 오는 아이 중 상당수가 보호자가 없거나 보호자와의 관계가 불안정하다. 여러 기관에 따르면 소년들에게 보호처분을 내리는 가정법원은 안정적인 보호자가 있거나 안전한 상황일 경우 보호자에게 훈육을 맡기는 쪽으로 판결을 내린다(이를 두고 몇몇 시민단체는 죄목이 아닌 아이의 가정환경에 따라 다른 판결을 내리는 게 불합리하다고 비판하기도 한다). 시설에 머무는 아이들 대부분의 가정환경이 좋지 않았는데, 그중에서 가영은 비교적 부모와의 관계가 원만한 편이었다.

가영은 늦둥이 외동딸로 귀여움을 많이 받았다. 가영은 자신이 가족의 유일한 흠이라고 생각했다. 그만큼 정서적으로도, 경제적으로도 나쁠 게 없었다고 했다. 문제의 시작은 중학교 1학년 때였다. 그때 가영은 반년 남짓 만난 남자 친구와 성관계를 맺었다. 호기심에 했지만 두려움이 컸다. 그 고민을 친하게 지내던 친구들에게 털어놓았다. 이후 친구들이 가영을 멀리했다. 게다가 페이스북에는 '가영이, 개 걸레래' '순진한 척하더니 뒤통수쳤네' 등 가영을 저격하는 게시물들이 올라왔다. 그렇게 가영은 무리에서 따돌림을 당했다. 학교는 지옥으로 변했다. 쉬는 시간에는 화장실로 도망쳤다. 다른 친구를 사귀려고 노력했지만 그때마다 아이들은 "개 걸렌데, 너 왜 개랑 밥 먹냐" 하는 등의 말로 방해했다. 남자 친구와도 헤어졌다.

가영은 전교생에게 왕따를 당했다.

이 사실을 부모는 몰랐다.

—

"엄마는 내가 학교에서 잘 지내는 줄 아니까……. 마음 아파할까 봐 말은 못 하고, 그냥 아파서 학교에 가기 싫다고 했어요."

—

가영은 온라인 공간으로 도망쳤다. 그렇게 건너 건너 알게 된 다른 지역 친구들을 만나려고 가출을 했다. 한번은 '가출팸'에서 만난 여자애와 열여덟 살 오빠 두 명을 따라가 모텔에서 술을 마셨다. 그중 한 명이 술에 취한 가영을 강간하려고 했다. 가까스로 도망친 가영은 자기 몸이 이미 망가졌다고 생각했다. 술김에 자고, 돈이 떨어지면 물건을 훔쳤다.

가영은 파출소에서 무너진 엄마를 보았다. 엄마가 가영의 뺨을 때렸고, 가영은 소리를 지르며 엄마의 머리채를 잡았다.

—

"날 괴롭히는 애들한테는 한마디도 못 하면서 엄마한테 그렇게 했다는 게……. 그때 뭐에 씌었나 봐요, 그렇죠? 지금 생각하면 너무 속상해요."

—

가영은 뒤늦게 엄마에게 피해 사실을 털어놓았다.

이런저런 일로 학교에 마음을 못 붙였다고, 고등학교에서도 그 무리들을 계속 마주치고 있고, 그래서 너무 힘들다고, 동네에는 아직도 "아, 그 걸레?" 하고 말하는 애들이 있다고.

　가영은 보호처분을 받고 부모와의 관계를 다시 회복해나갔다. 이제 엄마, 아빠에게 기댈 수 있으니 조금은 마음이 놓인다고 했다.

부모를 위한 가이드라인

부모에게 자녀의 비행은 두려운 일이다. 비행 사실을 알게 됐을 때, 대부분의 부모는 믿었던 아이가 나를 배신했다고 생각한다. 그다음 느끼는 감정은 당황스러움이다. 아이가 어떤 상태인지, 부모는 생각보다 더 모른다. 비행의 유형은 다양하지만, 어떤 비행은 피해로 이어질 수도 있다. 그래서 부모가 재빠르게 아이의 상태를 파악하고 대처하는 것이 생각보다 훨씬 더 중요할 수 있다. 여러 기관이 제시한 가이드라인 몇 가지를 아래에 소개한다.

—

■ 청소년들의 온라인 그루밍 범죄에 대응하는 법(출처: 법무부)

Q. 아이가 랜덤채팅을 한다는데 그냥 둬도 되나요?

A. 대화 상대가 누구인지 알 수 없어 위험합니다.

랜덤채팅은 앱에 접속하면 익명으로 대화 상대를 무작위 매칭해주는 애플리케이션입니다. 따라서 대화하는 상대가 또래인지, 성인인지, 남자인지, 여자인지 알 수도 믿을 수도 없기 때문에, 그 위험성을 아이에게 설명해주고, 되도록 이용하지 않도록 지도하는 것이 좋습니다.

Q. 아이가 랜덤채팅에서 몸캠피싱을 당했다면?

A. 당황하지 말고 곧바로 신고하세요.

몸캠피싱은 상대를 속여 악성코드가 담긴 프로그램을 설치하게 끔 하고 전화번호부를 해킹하여 피해자의 노출 영상을 그 전화번호로 배포하겠다고 협박하면서 불법행위를 강요합니다. 몸캠피싱을 당했을 경우, 증거가 되는 협박 자료를 지우지 말고 그대로 수사기관에 신고해주세요. 무엇보다 당황하지 말고, 더 무섭고 겁먹었을 아이에게 '부모님이 도와줄 것이다'라는 믿음을 주는 것이 가장 중요합니다.

Q. 아이가 디지털 성폭력 가해자를 감싸요!

A. 온라인 그루밍 성범죄일 수 있습니다.

대인 관계나 사회 환경이 취약한 대상을 성적으로 착취하고 범죄의 폭로를 막기 위해 신뢰를 쌓은 후 통제와 조종을 통해 범행하는 것을 그루밍 성범죄라고 합니다. 특히 낯선 상대가 접근하거나 신체 사진(영상)을 전송해달라고 하는 경우 조심해야 합니다.

Q. 디지털 성범죄 피해를 막기 위해 아이를 어떻게 교육해야 할까요?

A. 디지털 성범죄를 막는 일곱 가지 법칙을 알아두세요.

1. 아이의 온라인 활동에 관심을 갖고 충분히 대화 나누기
2. 개인 정보를 온라인상에 노출하거나 타인에게 주지 않도록 교육하기
3. 불법 촬영, 비동의 유포, 성적 이미지 합성 등 디지털 성범죄의 위험성에 대해 미리 알려주기
4. 온라인상에서 알게 된 사람은 절대 만나지 말고 어른에게 알리기
5. 피해 사실을 알았다면 아이의 잘못이 아님을 알려주고 진심으로 지지해주기
6. 아이의 피해 관련 증거자료를 수집하기
7. 피해 사실을 알았을 때 전문 기관에 도움 청하기

—

■ 아이가 학교폭력을 당하고 있거나, 가하고 있다고 느껴질 때

(출처: 삼성서울병원)

■ 피해 징후

갑자기 이유도 없이 전학을 시켜달라고 요구한다.

학교에서 돌아온 후 힘이 없거나 눈물을 보인다.

참고서, 준비물 등에 돈이 필요하다며 자주 가져간다.

옷이 더럽혀져 있거나 책이나 가방 같은 소지품이 찢어져 있다.

식욕이 없고 불면증을 호소하거나 악몽을 꾼다.

갑자기 상처나 멍이 생겼는데 이유에 대해 자세한 설명을 피한다.

머리나 배가 아프다며 학교에 가지 않으려 한다.

갑자기 성적이 떨어지고, 집중력이 저하된다.

자주 물건을 잃어버린다.

부쩍 짜증이 늘거나 우울해하는 것이 보인다.

작은 일에 깜짝깜짝 놀라고 불안해한다.

방에 틀어박혀 있는 시간이 많다.

같이 어울리는 친구가 거의 없다.

일기나 노트 등에서 죽고 싶다는 글이나 폭력적인 그림이 발견된다.

■ 가해 징후

화를 잘 내고 이유, 핑계가 많다.

부모에게 이유 없이 반항한다.

참을성이 없고 말투가 거칠다.

밤늦도록 잠을 자지 않는다.

돈 씀씀이가 커진다.

친구에게 받았다고 하면서 비싼 물건을 가지고 다닌다.

비밀이 많고 부모와 대화가 없다.

외출이 잦고 친구들의 전화에 신경을 쓴다.

귀가 시간이 늦어지고 불규칙하다.

여기서 잠깐!!

자녀가 피해를 당했을 때, 이런 말은 도움이 되지 않습니다.

넌 왜 그렇게 바보같이 당하고만 있니?

별거 아니야. 엄마, 아빠도 다 맞으면서 컸어.

그거 하나 해결 못 하면 인생의 실패자가 되는 거야.

너도 싸워. 맞고만 있지 말고 너도 때리란 말이야.

엄마, 아빠가 다 알아서 할 테니 넌 가만히 있어.

시간이 해결해줄 거야.

엄마, 아빠 말고 아무한테도 맞은 얘기 하지 마. 그러면 널 깔볼 거야.

친구 같은 건 없어도 되니까 공부만 신경 써.

대신 이렇게 말해주세요.

그동안 많이 힘들었겠구나.

엄마, 아빠가 지켜보고 있을 테니 걱정하지 말아라.

그래도 이렇게 잘 버텨온 것을 보니 훌륭하구나.

도움을 청하는 것은 부끄러운 일이 아니란다.

싫은 것을 싫다고 이야기하는 것이 용기 있는 사람이야.

자, 이제 이 일을 어떻게 해결할지 같이 이야기해볼까?

울타리

보호처분 시설에서 부모가 없거나, 있어도 만나지 않는 아이들을 많이 만났다(보호자가 없다고 아이들이 모두 비뚤어지는 건 당연히 아니다). 보육원에서 자랐다는 아이들 서너 명과 이야기를 나눴다. 열여섯 살 세연은 돌이 지나기 전부터 보육원에서 자랐다. 150센티미터를 겨우 넘는 키에, 허리춤까지 내려오는 갈색 생머리, 아직 젖살이 빠지지도 않은 발간 볼의 세연이 "안녕하세요" 하고 작은 목소리로 인사했다.

상담실에서 세연은 보육원에 대한 기억을 털어놓았다. 안 좋은 기억밖에 없다고 했다. 가장 큰 이유는 언니들의 괴롭힘이었다. 세연보다 두세 살 많은 언니들은 버릇을 고친다는 이유로 세연을 때리고 벌을 세웠다. 반항하면 선생님에게 혼이 났다. 소란스럽다는 이유였다.

보육원 선생님은 진짜 보호자가 되어주지 못했다. 세연은 열네 살 때 같은 반 남학생에게 성추행을 당했다. 엄마, 아빠가 없다는 이유로 초등학교, 중학교 내내 따돌림을 당했는데, 어느 날 소위 '잘

나가는' 한 남자애로부터 페이스북 메시지를 받았다.

'너 만화 카페로 당장 나와.'

세연은 이 이야기를 들려주며 "워낙 목소리도 크고 잘나가는 애라 거절하기도 무서웠지만, 돈도 다 내준다고 하니까 좋은 거라고 생각했어요"하고 말했다.

그 남자애는 만화 카페의 밀폐된 공간에서 세연에게 억지로 입을 맞췄다.

"처음 해봤냐? 나랑 한 번만 해보자."

세연은 도망쳤고 경찰에 신고했다. 하지만 보호자 자격으로 경찰서에 온 보육원 선생님은 오히려 세연을 다그쳤다.

"네 잘못도 있어. 너도 좋아서 간 거 아니야? 오히려 네가 더 불리해질 수도 있어. 여기서 그만둬."

제대로 된 보호자였다면 어떻게 말했을까? 세연에게 그렇게 말할 수 있었을까? 경찰 조사를 비롯해 여러 법적 조치를 도왔어야 했다. 심리 치료를 알아봤어야 했다. 하지만 보육원 선생님은 울타리가 되어주지 못했다. 피해를 입은 건 세연이었는데 세연을 '골칫덩이'로 여겼던 것 같다.

많은 아이가 어른을 울타리로 생각하지 않았다. 우리가 자체적으로 실시한 설문 조사에서 이러한 내용이 극명하게 드러났다. 어려운 일이 있을 때 도움을 청할 사람으로 대부분의 아이가 또래 친구(34.3퍼센트)나 애인(10.2퍼센트)을 꼽았다. 주 보호자를 꼽은 비율도 32.4퍼센트로 적지 않았지만 다른 문항을 들여다보면 보호자를

'울타리'로 생각하는지 의문이 들었다. 주 보호자가 나를 문제아로 취급한다고 생각하느냐는 질문에 상당수(그렇다 16.5퍼센트, 매우 그렇다 12.7퍼센트)가 긍정했기 때문이다.

세연이는 그길로 보육원을 뛰쳐나왔다. 나중에서야 그 남자애가 강제 전학 처분을 받았다는 얘기를 소문으로 들었다. 살던 동네조차 싫어져서 아주 먼 곳으로 도망친 탓에 더 이상의 이야기는 듣지 못했다고 했다.

보육원과 학교가 지옥이라고 생각해 뛰쳐나왔지만 갈 곳이 없었다. 도망친 곳은 더 지옥 같았다. 가출팸에 들어가 조건 만남과 조건 만남 사기에 가담했고, 절도를 일삼는 또래 무리와 어울렸다. 세연은 우리에게 절도는 절대 하지 않았다고 여러 차례 강조했다. 이 부분은 사실관계 확인이 어려웠다.

열여섯 살 세연에게는 수많은 사연이 있었다. 그 이야기를 두어 시간 동안 듣는 것만으로도 버거울 정도였다. 우리는 되묻고 싶었다.

—

'왜 위험한 상황에서 도망치지 않았어?'

'도움을 청할 다른 어른들은 없었어?'

'왜 자꾸 잘못된 선택을 하는 거야?'

'그 아이들이랑 어울리면 안 되는 거 알잖아.'

—

세연의 주변에는 끊임없이 추근거리는 성인 남성들이 있었다. 세연은 그중 한 명을 가리켜 유일하게 믿고 의지하는 어른이라고 했다. 하지만 이야기를 들을수록 그 관계는 뒤틀려 있었다. 남자는 세연이 원치 않은 성관계를 맺으면서도 책임지지 않았다. 피임도 하지 않았다. 세연은 보호처분 시설에 들어오고 두어 달 동안 두려움에 떨었다. 생리를 하지 않아서였다. 선생님에게 부탁하여 임신 테스트를 하고 나서야 마음을 놓을 수 있었다.

세연은 그 남자에게 배신감을 느낀다고 말했다. 그러면서도 퇴소하자마자 그 남자를 찾아갈 생각이라고 했다.

—

"제가 정을 엄청 많이 주는 스타일인데요, 정도 잘 못 떼요. 그 오빠가 저를 모른 척할까 봐 걱정돼요. 나가면 만날 사람도 없는데……. 나가서 모른 척하면 페이스북에 오빠가 저한테 보낸 메시지들을 다 올리고 저격글 쓸 거예요. 복수하고 싶어요."

—

세연은 이것이 그 남자와의 관계를 회복할 수 있는 유일한 방법이라고 생각하는 듯했다. 그 남자는 세연과 단둘이 있을 땐 연인처럼 행동하다가 다른 사람들 앞에서는 다르게 행동했다. 그냥 동생들 가운데 하나인 듯 세연을 멀리했다. 세연은 그런 남자가 불안하게 느껴졌다고 했다. 페이스북 게시물을 통해 그 남자와의 관계를 폭로하면 최소한 그의 주변 사람들에게 자기 존재를 드러낼 수 있으리라고 믿었다. 세연은 그와의 관계를 이어가고 싶어 했다. 그 방식이 뒤틀린 것이라도…….

우리는 그 남자를 경찰에 신고하라고 조언했다. 하지만 이내 이러한 조언이 세연에겐 '틀렸다는 것'을 알게 됐다.

—

"그 오빠가 가끔 화가 날 때 주체를 못 하기도 하고, 저를 화나게 하는 건 맞아요. 하지만 전 오빠가 좋아요. 오빠와 정을 떼는 건 못 할 것 같아요."

—

세연은 그렇게 말하며 배시시 웃었다.

"아무리 그래도 그 남자한테는 절대 돌아가지 마. 좋아할 가치가 없는 사람 같아. 복수한다고 저격글 같은 거 올리지도 마. 너만 상처 받을 거야."

또다시 울타리 없는 세상에 놓일 세연이 걱정됐다.

그런데도 어찌할 도리가 없었다.

세연의 팔에는 상처가 많았다. 초등학교 2학년 때부터 자해를 했다고 한다. 처음엔 내가 힘든 걸 사람들이 알아줬으면 하는 마음에서 시작했는데 나중에는 습관이 됐다.

—

"너무 힘들어서 자해를 했어요. 하면 엄청 아프거든요. 그런데 아픈 거에만, 피를 닦는 거에만 신경 쓰니까 그 순간엔 다른 힘듦이 잊혀요. 남은 흉터를 보면 '아, 맞다 이거 때문에 (자해)했었지' 하면서 기억이 떠올라요."

—

시설에서는 자해를 할 수 없어서 답답하다고 했다. 이것이 열여섯 살 소녀의 현실이었다. 세연의 꿈은 사회복지사다. 자기라면 보육원 선생님처럼은 안 할 것 같다고, 더 잘할 수 있을 것 같다고 했다. 그 꿈은 무언가 불안해 보였다. 세연의 주변 환경이 바뀌지 않는다면 그 꿈은 이뤄질 가능성보다 좌절될 가능성이 더 커 보여서였을까.

울타리가 없다는 건 아이들에게 이런 의미다. 모든 게 무용지물이 되는 것. 한 남자애가 갑자기 불러내도, 스물두 살 남자가 치근덕거려도 그 위험을 알지 못하는 것. "네 밥값은 해야 하지 않느냐?" 하며 조건 만남을 종용하는 언니들의 요구를 거절하지 못하는 것. 울타리 없는 아이들이 겪는 현실이다. 이 현실 속에 내던져진 아이들에게 왜 그런 선택을 했냐고 다그치는 게 과연 어떤 의미가 있을까? 이 사회에는 세연 같은 아이들이 얼마나 많을까? 세연은 보호 처분이 끝난 뒤에 다시 새로운 삶을 시작할 수 있을까? 우리는 계속해서 되물었다.

서울의 한 시설에서 열아홉 살 재영을 만났다. 재영은 보호관찰을 받고 있었다. 다른 지역의 6호 보호처분 시설에서 퇴소한 지 몇 개월 되지 않았을 때였다. 재영은 다른 아이들보다 인터뷰에 적극적이었다. "네" "아니요" "잘 모르겠어요" 하고 퉁명스럽게 대답하던 또래 남자아이들과는 달랐다.

—

"제 이야기를 들으면 진짜 놀라실걸요. 저도 이렇게 될 줄은 몰랐어요."

—

재영은 금은방을 털었다. 자의는 아니었다고 했다.

—

"솔직히 공부하는 건 싫어했고, 애들이랑 몰려다니면서 담배 피우고 술 마시는 정도였어요. 금은방을 털고 싶진 않았어요."

—

재영은 '대출 놀이'로 돈을 빌린 친구의 보증을 섰다. 대출 놀이는 페이스북 같은 SNS로 돈을 빌려주고 50퍼센트 이상의 높은 이자를 받는, 십 대들의 고리대금업이다. 빌려주는 아이들은 푼돈으로 큰돈을 벌 수 있는 일종의 도박으로 생각하고, 빌리는 아이들은 급한 불을 끄는 손쉬운 방법으로 가볍게 생각한다. 그 돈이 눈덩이처럼 불어날 수 있다는 생각은 하지 않는다.

재영이 보증을 섰던 친구는 돈을 갚지 못하자 잠수를 탔다. 그 빚은 모두 재영이 떠안게 됐다. 원금은 70만 원 정도였는데 며칠 만에 250만 원으로 불어났다. 돈을 빌려준 선배는 매일같이 전화를 걸어 협박했다. 연락을 끊으려고 마음먹은 적도 있었지만 결국 제자리였다. 서로 연결된 '인맥'이 너무 많았다. 곤란해하는 재영에게 다른 선배가 접근했다.

—

"너 돈 필요하다며. 내가 시키는 대로 해볼래?"

—

그 선배가 제안한 것이 금은방 털이였다는 게 재영의 이야기였다.

이 이야기를 듣고 반신반의했다. 고작 '대출 놀이' 때문에 금은방을 턴다는 게 이해가 되지 않았다.

하지만 십 대의 세계에서 '선배'라는 존재는 막강했다. 한두 살 차이는 그 어떤 것보다 강한 힘을 발휘했다. 아이들의 세계는 어른 사회의 축소판 같았다. 어른 사회의 어두운 부분을 압축하여 반영한 세계 같았다.

고아원에서 나고 자란 재영에게 형들은 더 무서운 존재였다.

—

"저는 태어날 때부터 보육원에서 자랐거든요. 그래서인지 이게 (손으로 '위계'를 의미하는 삼각형을 그리며) 확실해요. 형들은 초등학교 때부터 마음에 안 드는 애들을 뒷산으로 데려가 때렸어요. 저는 그렇게 자랐어요."

—

위계질서가 뚜렷한 십 대의 세계에서 아는 선후배가 많다는 건 무기였다. 또래와 어울릴 때 십 대들이 훨씬 용감해지는 이유도 여기에 있다. 물러서면 위계에서 밀려난다는 걸 본능적으로 알고 있는 듯했다. 재영과 비슷한 경험을 한 아이들을 찾는 건 어렵지 않았다. "선배들이 꼬드겨서 차 털이를 해봤다" "선배들한테 여러 수법을 배웠다" 하는 얘기를 많은 아이에게 들었다. 그렇게 어울리다 보면 비행에 무뎌진다. 범죄를 저지르고도 죄의식을 느끼지 못하는 아이들이 꽤 많다. 범죄 수법을 공유하거나 서로를 위험에 끌어들이며 범죄에 익숙해진다.

소년원에 다녀온 친구에게 차 털이를 배웠다는 열다섯 살 민혁은 한 번에 900만 원까지도 벌었다고 했다. 그 돈을 친구들과 몇백만 원씩 나눠 가지고 명품 옷을 사느라 며칠 만에 다 썼다. 심심할 땐 친구들을 차에 태우고 드라이브를 했다. 준중형 세단에 일곱 명을 태우고 고속도로를 달렸다. 아이들은 사고가 날 수 있다는 생각을 전혀 하지 않았다. 우리가 위험에 대해 여러 차례 말하고 강조해도 소용없는 듯했다. 오히려 자기의 범죄 능력을 자랑했다.

—

"솔직히 말하면 스릴 있었어요. 십 대들이 무면허 운전을 하다 큰 사고를 냈다는 기사, 저희도 다 봐요. 하지만 '난 안 죽을 거 같다' '난 쟤네들보다 운전 잘할 것 같다' 하는 생각이 들더라고요."

—

아이들은 죄의 무게를 제대로 알지 못했다. 이유는 단순했다. 나와 어울리는 애들은 다 그러니까. 우리가 아이들을 대상으로 실시한 설문 조사에서, 절반에 가까운 아이들(44.3퍼센트)이 소년원에 다녀온 적 있는 친구가 세 명 이상이라고 답했다.

민혁은 그때를 후회한다고 했다. 얼마나 지속될지 모를 다짐이지만 다시는 같은 잘못을 반복하지 않겠다고 했다. 그러면서도 "퇴소 후 친구들이 또 놀자고 하면 어떻게 할 거냐?" 하는 질문에는 쉽게 답하지 못했다.

"하는 척하면서 그냥 넘겨야죠. 그래도 완전히 거부하기 어렵다면……. 잘 모르겠어요." 민혁이 씁쓸하게 웃었다. 유혹을 뿌리치지 못하는 건 단순히 민혁만의 문제가 아니다. 아이들은 "친구에 휩쓸려 비행을 저지른 것이 후회된다"라면서도 보호처분 이후에도 관계를 끊지 않을 것이라고 답했다. 소년에게 친구란 부모 이상의 친밀감과 안정감을 주는 존재라는 의미다. 바꾸어 말하면, 아이들에게 있어 부모를 비롯한 어른들은 믿고 기댈 수 있는 존재가 아니라는 의미기도 하다.

"어려울 때 부모에게 도움을 요청할 필요를 느끼지 못한다"라는 민혁은 경찰과 교사를 피해 다니며 비행을 저지르던 과거에서 벗어나고 싶다고 했다.

—

"커서 뭘 해야 할까요? 막막해요. 전 이미 나쁜 애로 찍힌 거 아닌가요? 사회에 나가면 나쁜 짓 하는 애들한테 '내 꼴 안 나려면 정신 차려야 한다' 하고 얘기해주고 싶어요."

배제된 아이들

재영이 돌이킬 수 없는 일을 저질렀을 때 보육원과 학교의 태도는
냉담했다. 학교는 6호 보호처분 시설에 입소한 재영에게 자퇴하지
않으면 퇴학 처리하겠다고 전화로 통보했다. 재영에게는 이 문제
를 대신 처리해줄 보호자가 없었다. 발만 동동 구르다 어쩔 수 없이
자퇴했다. 원래대로라면 보호처분을 받았다는 이유만으로 퇴학이
나 자퇴 둘 중 하나를 선택할 필요는 없었다.

—

"제가 다니던 학교가 나름 명문이라서 저 같은 문제아가 있으면 학교에 먹칠한
다고 생각했던 거 같아요. 공부는 열심히 하지 않았지만 졸업장을 꼭 받고 싶었
어요. 그런데 선생님이 자꾸 그러니까⋯⋯. 퇴학당하면 진짜 인생 망하는 게 아
닐까 하는 생각이 들었어요."

—

그나마 의지할 수 있을 거라 생각했던 보육원도 싸늘한 반응이었
다. 6호 시설에서 모범적으로 생활하여 빠르게 퇴소할 수 있었지만
재영은 몇 주 동안 더 시설에 머물러야 했다.

—

"보육원에서 저 같은 애는 감당 못 하겠대요. 새 쉼터를 찾느라 퇴소가 늦어졌어요. 그곳에서 평생 살았으니까 최소한의 정은 남아 있을 줄 알았는데……."

—

수많은 아이를 감당해야 하는 보육원은 한 아이의 일탈과 비행이 다른 아이들에게 미칠 영향을 크게 걱정했을 것이다. 금은방을 털기 전까지 재영이 저질렀던 수많은 비행으로 보육원 선생님이 지친 걸까? 재영은 학교와 보육원에서 내쳐지고 버림받았다고 느꼈다.

—

"마음이 아팠어요, 솔직히. 2주 동안 매일 펑펑 울었어요. 반성도 많이 했죠."

—

재영은 새로운 쉼터에서 직업교육을 받았다. 자동차 정비소에서 반년 넘게 일하며 경력도 쌓았다. 보통 많은 소년범이 옛 친구들과의 인연을 끊는 걸 매우 어려워하는데, 재영은 SNS 계정을 삭제하고 쉼터 선생님의 도움을 받아 보증 빚도 갚았다. 과거에서 벗어나기 위해 최선을 다했다. 믿을 만한 어른이 곁에 있으니 마음이 훨씬 나아졌다고 했다. 선생님에게 진 빚을 갚기 위해 일자리를 계속 알아보며 공부하는 보통의 삶을, 재영은 살아가고 있다.

반성한 계기를 물었을 때 재영은 꽤 오래 망설였다. 고개를 떨구고 손에 쥔 휴대전화를 만지작거렸다. 재영의 양팔에는 크기를 가늠할 수 없는 문신들이 새겨져 있었다.

—

"경찰서에서 금은방 주인아저씨를 만났거든요. 그때 정말 죄송했어요. '이런 애들은 감방에 집어넣어야 해!' 하고 호통치는 아저씨에게 계속 죄송하다고 말씀드렸어요. 이상한 게 그 아저씨 얼굴이 자꾸 생각이 나요. 6호 시설에서는 할 게 별로 없거든요. 계속 그 얼굴이 떠오르는 거예요. '내가 왜 그랬지?' 생각이 들고. 그땐 제가 미쳤나 봐요."

—

재영의 꿈은 평범한 직장인이다. 주변에는 꾸준히 일하는 친구들이 드물기 때문이다. 재영은 매일 출퇴근을 하며 하루를 보내는 직장인이 되고 싶다고 했다.

이미 범죄를 저지른 소년의 반성을 우리 사회는 달가워하지 않는다는 걸 알고 있다. 재영의 말이 얼마나 진심이었을지, 그 반성이 여전히 그 아이의 삶에 유효한 것인지, 유혹의 순간에 또다시 흔들리지는 않을지……. 나 역시도 수없이 많은 생각에 혼란스러웠다.

다만, 한 가지 확실한 건 재영이 자기가 저지른 죄의 무게를 알고 있다는 점이었다. 우리 앞에 서서 죄를 마주하는 재영의 태도가 그것을 말해주었다.

그것만으로 재영의 과거가 없던 일이 되는 건 아니다. 하지만 우리 사회는 반성할 기회도 주지 않았다. 학교와 보육원에서 버림받은 재영은 스스로 반성에 이르렀다. 매우 드문 사례다.

재영을 비롯한 많은 소년범들이 사회적 낙인에도 불구하고 자신의 인생을 포기하거나 낙담하지 않았다. 앞으로 나아가고자 고민하는 아이들이 많았다. 오히려 주변 사람들이 인생을 포기하라고 압박하듯 아이들을 벼랑으로 내몰았다. 그러나 아이들은 버텨내고 있다.

이들이 가해자라는 사실은 변하지 않는다. 아이들이 자기 삶을 잘 헤쳐나갈수록 그 자국은 더욱더 짙게 남을 것이다. 평생 그 짐을 짊어지고 살게 될 것이다. 우리는 아이들에게 반성할 기회를 주어야 한다. 그들이 우리 사회에서 배제되지 않았으면 좋겠다.

한 번의 따뜻한 손길만으로 변화할 수 있는 아이들이 있다.

어른들은 범죄를 저지른 아이들을 골칫덩어리로만 생각했다. 반성할 기회를 주기보다 내 눈앞에서 사라지기를 바랐다. 이미 우리 사회는 너무 많은 아이를 놓쳐버린 게 아닐까?

도움이 필요할 때
청소년 지원 시설 목록

1. 청소년전화 1388

· 한국청소년상담복지개발원(여가부 산하 공공기관)의 청소년사이버상
  담센터에서 24시간 365일 운영.

· 학교·가정·성폭력, 가출, 도박·인터넷 중독, 학교 밖 청소년 등 다
  양한 문제 상담을 통해 지역사회 연계 도움 안내.

· 전화(지역번호+1300), 문자(고민 내용을 쓰고 수신자 번호에 #1388을 누르고
  문자 전송하거나 카카오톡 플러스친구에서 #1388 검색 후 친구 추가 후 카톡 상
  담), 채팅 상담실, 게시판 상담실(24시간 내 상담 답변 제공) 등.

2. 청소년상담복지센터

· 시·도로부터 각 지역의 청소년 단체가 위탁받아 운영하는 청소년
  상담 전문 기관. 지자체별로 있음. 전국 238개소.

· 상담 지원부터 지역사회 내 청소년 기관과 연계해 위기 청소년(가출,
  성매매, 학교·성·가정폭력) 긴급 구조 및 의료·법률 지원 등 맞춤형 서비
  스 제공.

2-1. 서울시청소년상담복지센터

·구마다 총 25개 상담복지센터.

· 대면 상담(온라인 신청서 작성 후 상담센터 방문해 전문가와 일대일 상담. 상담

료는 5000원, 기초생활수급자 등은 요금 면제), 전화 상담(02-1388), 채팅(월·

목 12~19시. 회원 가입 후 채팅 상담 접속해 상담 가능), 게시판 상담 등.

2-2. 경기도청소년상담복지센터

·전화 상담(031-1388), 채팅 상담(한국청소년상담복지개발원 회원 가입 후 채

팅 상담 접속), 게시판 상담(고민 글 작성 후 전문 상담사 답변을 받거나 150자

이내 짧은 고민 글 남기면 댓글 상담).

2-2-1. 경기도 청소년 안전망 '채움'(상담복지포털)

·온라인 상담 신청 및 심리검사 후 담당자가 처리.

·유형별(가족 문제, 가출, 경제적 지원, 성 문제, 학교 폭력, 학교 밖 청소년 등) 서

비스 제공.

·'우리 동네 청소년 안전망'(경찰서, 보호관찰소, 무한돌봄센터, 범죄피해자지

원센터 등) 서비스 제공.

·성별, 나이, 거주 지역, 계층, 관심 등 설정하여 '맞춤 서비스 검색' 서

비스 제공.

3. 청소년지원센터 '꿈드림'(학교 밖 청소년 중앙지원기관)

· 한국청소년상담복지개발원에서 지원하는 사업.

· 입학 후 3개월 이상 결석하거나 제적·퇴학·자퇴했거나 상급 학교 진학을 하지 않은 청소년 지원.

· 온라인으로 신청하면 센터 방문 후 상담 진행. 초기 상담 후 상담 지원, 교육 지원, 직업 체험 및 취업 지원, 자립 지원 프로그램 연결.

4. Wee센터

· 각 시도 교육청과 학교, 지역사회가 연계한 학생 위기 상담 종합 지원 서비스.

· 학교(위클래스 7631개), 교육지원청(위센터 204개소), 교육청(위스쿨 15개, 가정형 위센터 19개소, 병원형 위센터 10개소).

· 초·중·고 소속 학생 대상 온라인 무료 상담 제공. 게시판에 올리면 답변 주는 방식.

· 위클래스, 위센터, 위스쿨 등은 학생 또는 학부모가 전화 문의·방문 통해 직접 신청하거나 담임교사·유관 기관 등 통해 의뢰 가능.

· 위클래스는 상담 예약을 해서 학교 운영 시간 내 이용 가능. 위센터 는 평일 9~18시, 토요일(전화 예약) 이용 가능. 학교 동의 얻은 후 위 센터나 위스쿨 프로그램 참여하면 출석 인정됨.

5. 한국청소년쉼터협의회

- 임시 보호 활동(무료 숙식 및 의료 서비스 제공), 상담(전화·서신·대면) 프로그램 운영.
- 가출 청소년 누구든 쉼터로 찾아오면 무료로 숙식과 상담 서비스 제공(학교에서 쉼터로 상담 위탁하거나 부모 교육 프로그램 제공).
- 서울, 부산, 대구, 인천, 대전, 울산, 광주, 경기도, 경남, 경북, 전남, 전북, 충남, 충북, 강원도, 제주도 등에 쉼터 위치.
- 별도로 한국청소년상담복지개발원에서 제공하는 청소년 쉼터 전국 33개소.

6. 청소년자립지원관

- 쉼터 퇴소 이후 가정 및 학교 복귀 불안정한 청소년에게 주거 환경과 자립 자활 지원 통한 사회 정착 지원하는 기관. 서울, 대구, 인천, 경기, 충남 등 전국 9개소.

6-1. 서울시립청소년자립지원관

- 여성가족부 산하 복지시설로 서울시로부터 인터넷꿈희망터가 위탁받아 운영.
- 서류 신청(시설 퇴소 청소년 중 자립 지원 필요한 청소년 추천), 면접, 4주간 적응 훈련 거쳐 생활관 입소.
- 최대 2년. 기본 1년 후 필요 시 사례심의위 통해 6개월씩 두 번 연장.

7. 국립중앙청소년디딤센터

· 여성가족부가 설립한 거주형 치료·재활 센터(정서·행동 문제 있는 청소년 대상).

· ADHD, 불안, 우울 등 심리 정서적 문제, 인터넷(게임) 몰입, 은둔형 외톨이, 학교 부적응, 집단 따돌림, 대인관계 어려움 등을 겪는 청소년.

· 오름과정(1개월), 디딤과정(4개월), 힐링캠프(4박 5일) 프로그램 운영.

· 장기 입교 경우 온라인 통해 신청하거나 청소년상담복지센터·학교밖지원센터·교육청·학교·wee센터·청소년 복지시설 등에서 의뢰하면 초기 평가(1차 서류, 2차 면접 및 심리검사) 거쳐 입교 결정하는 방식.

8. 아하센터(서울시립청소년성문화센터)

· YMCA가 서울시로부터 지원받아 운영하는 청소년 성교육·성 상담 전문 기관.

· 대면 상담(청소년 및 학부모 대상 성 상담. 사전 전화 접수 후 방문. 주 1회 50분, 회당 청소년 10000원 성인 15000원), 온라인 상담, 집단 상담(3~8명 내외 맞춤형 프로그램. 사전 전화 접수 후 방문. 집단별 회당 3~5만 원)─체험관 성교육, 찾아가는 성교육(학급 기준 20만 원).

9. 십대여성인권센터

· 십 대 여성의 성매매 피해를 지원하는 비영리 민간단체. 여성가족부로부터 위탁받아 사이버 또래상담 및 서울위기청소년교육센터 운영.

- 전화 상담(010-8232-1319, 010-3232-1318), 카카오톡 상담(ID: cybersatto, 10upsns), 네이트온 등을 통한 사이버 상담.
- 법률의료심리지원단(성 착취 피해자 지원), 사이버 또래상담 사업, 서울 위기청소년교육센터 청소년성장캠프(치료 및 재활 프로그램) 운영, 온라인 통해 캠프 참여 신청.

10. 청소년 성소수자 위기지원센터 '띵동'
- 전화(02-924-1227) 및 카카오톡 상담(ID: 띵동119) 응대.
- 가족과의 갈등이나 범죄 피해 상담, 탈가정·탈학교 상담 등 포함.

4

소년범죄와 언론

기사의 자극성

경찰서 기자실에는 수백 장의 명함이 있다. 책상과 창문 틈새, 여기 저기 빼곡히 들어찬 명함을 보며 나는 왠지 모르게 전장에서 승리한 장수가 적군의 목을 베어 돌아오는 모습이 떠올랐다. 명함을 남긴 사람들 모두 이곳에서 기자 생활의 첫발을 내디뎠을 것이다. 크든 작든 여러 성취를 꿈꿨을 것이다.

일하다 지칠 때면 종종 기자실에 있던 수많은 명함을 떠올렸다. 그 명함 속 이름 가운데 얼마나 많은 이가 처음 마음먹은 것처럼 기자 생활을 하고 있을까? 어느 기자의 퇴사 소식을 들을 때면 그 명함 뭉치를 떠올리며 한 명의 '낙오자'가 생겼다고 생각했다. 그것들이 언제나 나와 경쟁하고 있다고 생각했다. 그저 회사를 퇴사했을 뿐인데, 왜 나는 그가 경쟁에서 탈락했다고 여겼을까.

기자에게는 출입처가 있다. 자기 출입처에서 '물을 먹으면' 망한다. 단독이 아닌 짧은 단신 기사만으로도 다른 기자와 쉽게 비교된다. 같은 주제, 같은 사건이라도 누가 얼마나 더 새로운 얘기를 담아 풍부하게 보도했느냐에 따라 평가가 갈린다.

특종이란 매일 등장하는 게 아니다. 하지만 신문은 매일 발행되어야 한다. 이렇게 하루하루 전쟁을 치르는 기자 세계에 윤리가 들어설 공간 따위 없다.

"그래서 야마*가 뭔데?"

기삿거리가 안 되면 쓸모없었다. 남들보다 빨리 써야만 했고, 어떤 것이 옳은지 그른지 따지는 일은 나중으로 미뤄야 했다.

직접 마주한 기자의 삶은 집요한 취재와 거대한 특종, 스포트라이트와는 거리가 멀었다. 하루하루 지겹도록 치열한 경쟁에 가까웠다.

그러나 아무리 기사를 열심히 써도 아무도 읽지 않으면 소용이 없다. 특히 포털을 통해 뉴스가 '무한대로' 유통되는 시대에선 더더욱 그렇다.

언론사마다 온라인 뉴스를 담당하는 부서가 있다. 속보를 처리하거나 화젯거리를 찾아 빠르게 기사로 발행하는 부서다. 기사가 열독되지 않는 상황에서 깊이 있는 기사를 쓰기란 어렵다. 여론의 관심이 집중되는 기사를 일부 바꾸거나 조합해서 쓴 글이 훨씬 높은 조회 수를 기록한다. 온라인에서 뉴스를 소비하는 이 시대에 중요한 것은 기사의 자극성이다.

이런 측면에서 소년범죄는 아주 좋은 얘깃거리가 된다. 온라인에서 기사가 잘 '팔리기' 위해선 자극성이 생명이고, 소년범죄는 이

• 기사의 주제나 핵심을 뜻하는 언론계 은어.

를 살리기 위한 좋은 소스였다.

—

"그 애들 어때?"

"무섭지는 않아?"

—

소년범을 만나며 주변 사람들에게 자주 받은 질문이다. 소년범에 관한 기사를 쓴다고 하자, 놀랍게도 많은 사람들이 취재 시의 '안전'을 걱정했다.

범죄를 저지르는 비행 청소년. 사람들의 인식 속에서 이들은 마구잡이로 대들면서 어른들의 얘기도 듣지 않고 자기가 원하는 대로 행동하는, 위험한 범죄자였다.

어디서부터 이런 인식이 생겨난 걸까? 우리가 짚은 주요 원인 중 하나는 언론 보도였다. 많은 사람이 뉴스를 통해 십 대의 범죄에 대해 접한다. 무면허 운전, 절도 등 십 대들의 사건·사고 기사가 보도될 때마다 사람들은 분노하고 소년들을 향해 손가락질한다. 촉법소년 기준 연령을 낮춰야 한다는 주장과 함께 소년범도 사형과 무기징역이 가능하도록 법을 개정해야 한다는 여론의 목소리가 들끓는다.

소년범죄를 바라보는 우리 사회의 인식

현재 언론 상황이 여론에는 어떤 영향을 미치는지 알아보고 싶었다. 우리는 서울대 언론정보학과 이은주 교수 연구팀의 도움을 받았다. 사람들이 인식하는 것만큼 소년범죄가 심각한 상황인지, 언론은 얼마나 과장하여 보도했는지, 언론이 사람들의 인식에 어떤 영향을 미치는지 등을 조사하기 위해 온라인 여론 실험을 설계했다. 소년범죄를 다룬 가상의 기사를 몇 개 제시하여, 그것이 사람들의 인식에 미치는 영향을 파악하는 것이었다.

몇 가지 중요한 조건을 설정했다. 피실험자의 나이와 성별, 자녀 유무 등은 반드시 들어가야 할 조건이었다. 나이가 많을수록, 아이가 있을수록, 즉 소년범과 비슷한 나이의 자녀를 둔 어른일수록 소년범죄에 더 민감하게 반응할 거라 예상했다.

사례 기사로 경범죄와 중범죄를 제시하며 다음과 같은 질문을 던졌다.

인터넷 카페 만들어 신분증 위조한 30대 2명 검거

인터넷을 이용해 신분증을 위조해준다는 카페를 만든 뒤, 신분증을 위조해주고 돈을 받아 챙긴 혐의(공문서위조 혐의)로 진주시 상대동 A(36) 씨 등 2명을 붙잡았다.

이들은 지난 1월 인터넷 포털사이트에 '주민등록증, 자동차 운전면허증을 판매한다'라는 내용의 카페를 개설한 뒤, 이를 보고 신분증 위조를 주문한 B 씨에게 130만 원을 송금받는 등 모두 18명으로부터 면허증 7장과 주민등록증 11장을 위조해주고 그 대가로 1300만 원을 받아 챙긴 혐의를 받고 있다.

경찰 조사 결과, 이들은 인터넷을 통해 신분증 위조 수법을 배운 뒤 컬러프린터기 1대와 신분증 위조 작업 프로그램, 대포폰까지 마련해 놓고 범행을 저지른 것으로 드러났다.
경찰은 이들의 여죄를 추궁하는 한편, 신분증 위조를 의뢰한 18명에 대해서도 계좌 추적을 벌이고 있다.

○○○ 기자 story@news.com

인터넷 카페 만들어 신분증 위조한 10대 2명 검거

인터넷을 이용해 신분증을 위조해준다는 카페를 만든 뒤, 신분증을 위조해주고 돈을 받아 챙긴 혐의(공문서위조 혐의)로 진주시 상대동 A(18) 군 등 2명을 붙잡았다.

이들은 지난 1월 인터넷 포털사이트에 '주민등록증, 자동차 운전면허증을 판매한다'는 내용의 카페를 개설한 뒤, 이를 보고 신분증 위조를 주문한 B 씨에게 130만 원을 송금받는 등 모두 18명으로부터 면허증 7장과 주민등록증 11장을 위조해주고 그 대가로, 1300만 원을 받아 챙긴 혐의를 받고 있다.

경찰 조사 결과, 이들은 인터넷을 통해 신분증 위조 수법을 배운 뒤 컬러프린터기 1대와 신분증 위조 작업 프로그램. 대포폰까지 마련해 놓고 범행을 저지른 것으로 드러났다.
경찰은 이들의 여죄를 추궁하는 한편, 신분증 위조를 의뢰한 18명에 대해서도 계좌 추적을 벌이고 있다.

○ ○ ○ 기자 story@news.com

| 부정적 형용사가 있는 살인 소년범죄 자극물 기사 |

함께 살던 또래 집단 상습 폭행해 살해한 10대 4명 체포…
갈수록 잔혹해지는 청소년 범죄록 잔혹해지는 청소년 범죄

원룸에 함께 살던 또래를 집단폭행하고 숨지게 한 혐의로 A(18) 군을 비롯한 10대 4명이 경찰에 체포됐다.

이들은 지난 6월 한 원룸에서 E(18) 군을 수십 차례 폭행하고 방치해 숨지게 한 혐의를 받는다. 또 E 군을 수시로 폭행하고 아르바이트 월급을 갈취하는가 하면, 협박하고 물고문한 혐의도 받았다. 이들은 폭행당한 E 군의 모습을 휴대전화로 촬영하고 공유하기도 했다.

경찰은 "피고인들은 별다른 이유 없이 함께 살던 피해자를 1~2개월 동안 지속해서 폭행하고 월급을 갈취했다. 폭행 구실을 만들려고 일명 '패드립 놀이'를 시키고 피해자를 조롱하는 노래를 만드는 등 인간성에 대한 어떠한 존중도 찾아볼 수 없었다"고 밝혔다.

아울러 "피고인들은 매우 잔혹한 방법으로 피해자를 참혹하게 살해했다. 범행 직후에도 피해자의 휴대전화 메시지를 삭제하는 등 은폐를 시도해 죄질이 매우 좋지 않다"고 덧붙였다.

ㅇㅇㅇ 기자 story@news.com

· 귀하는 전체 소년범죄 중 강력 범죄(살인, 강도, 방화, 성폭력 범죄)의 비중이 얼마나 된다고 생각하십니까?

· 귀하는 전체 소년범죄 중 재범의 비중이 얼마나 된다고 생각하십니까?

· 아래 문항을 읽고 '1점 = 전혀 동의하지 않는다' ~ '7점 = 매우 동의한다'로 표시해주세요.

- 소년법을 폐지하고 모든 소년범이 성인과 동일한 법에 따라 범법 행위에 대한 판결을 받아야 한다.

- 살인, 상해, 과실치사, 강간, 준강간 등 흉악 범죄를 저지른 소년범은 검찰에 의무적으로 송치해 적절한 형사처벌의 대상이 되어야 한다.

- 소년범의 강력 범죄에 대한 형량을 최대 25년으로 상향 조정해야 한다.

· 기사 속 피의자 A에게 징역형이 내려진다면, 귀하께서는 어느 정도의 처벌이 가장 적절하다고 생각하십니까?

총 1008명이 참여한 실험의 결과는 놀라웠다. 사람들의 인식과 태도는 범죄 기사에 크게 영향을 받았다. 보도된 사건의 경중에 상관없이 소년범죄 발생 건수를 과도하게 추정했고, 갈수록 소년범죄가 흉포해지고 있다고 강하게 확신했다.

실험 참가자들은 2018년 소년범죄 발생 건수를 무려 17만 건으로 추정했다. 실제로 그해 일어난 소년범죄는 6만 6142건이었다.

특히 소년범죄 가운데 살인, 강도, 방화, 성폭력 등 강력 범죄의 비율을 실제보다 높게 추정했다. 소년범죄 가운데 강력 범죄의 비율은 범죄 발생 건수의 5.3퍼센트(3509건)에 그쳤지만, 실험 참가자들은 35~40퍼센트로 추정했다. 기사 제목에 부정적 단어가 들어가 있을 경우 그 비율은 더 올라갔다.

이러한 경향을 언론학에서는 '배양이론'으로 설명한다. 범죄 드라마를 많이 시청하면 현실에도 범죄가 만연하다고 생각하는 것과 비슷한 현상이다. 일종의 스필오버 효과˙로 분석된다. 소년범죄에 대한 뉴스가 너무 많이 쏟아지면 소년범죄가 매년 급증하는 것처럼 보인다는 것이다. 이러한 인식은 특히 자녀를 둔 기혼자에게서 뚜렷하게 나타났다. 이들은 관련 기사를 읽고서 소년범죄 발생 건수를 평균 22만여 건까지 과대 추정했다.

이와 같은 결과는 언론이 소년범죄를 바라보는 우리 사회의 인식에 큰 영향을 미치고 있다는 것을 뜻한다. 비슷한 내용의 기사가 적게는 수십, 많게는 수백 개씩 쏟아지는 만큼 실제 통계보다 많은 범죄가 일어난다고 느끼게 되는 것이다.

그렇다면 소년범죄를 다루는 언론의 방식은 어떨까. 우리가 궁금했던 건 언론의 기사가 어떻게 쓰여지고 있느냐였다. 극단적 표현이나 부정적인 묘사 등을 중심으로 제목이 나가면, 소년범에 대

• spillover effect, 물이 넘쳐흘러 메마른 논까지 흘러가는 것처럼 비슷한 다른 상황에까지 영향을 미치는 것.

한 인식은 나빠질 수밖에 없다. 1990년부터 2020년까지 30년 동안 발행된 1만 1864건의 소년범죄 관련 기사 제목을 분석한 결과, 2010년 이후 '잔혹' '흉포화' '악마화' '무섭다' 등 범죄에 대한 주관적 평가가 담긴 단어의 사용 빈도가 높아진 것을 확인할 수 있었다.

온라인 기사 발행이 활발해지면서 자극적인 제목을 통해 조회수를 확보하는 게 언론사의 생존법으로 자리 잡았다. 이는 소년범 담론을 퇴보시킨 원인 가운데 하나다.

여론의 관심이 쏠리는 사건이 일어나면 비슷한 사건의 이름을 재사용해 연관 짓는 시도도 흔히 볼 수 있다. 이를테면 '강릉판 부산 여중생 사건' 등으로 소비하는 식이다. 소년범죄를 온건한 단어로 묘사하자는 게 아니다. 과장하여 보도해선 안 된다는 뜻이다.

소년범죄가 날로 심각해지고 있다는 세간의 인식은 현실과 다르다. 소년범의 수는 매년 감소하고 있다. 통계청과 대검찰청에 따르면 2010년 10만 4998명이었지만, 2018년 기준 6만 6142명(14~18세)으로 2010년보다 37퍼센트 줄었다. 2018년 전체 범죄자(173만 8190명) 가운데 소년범은 3.8퍼센트에 불과하다. 소년범 비율은 10년째 3~5퍼센트대에 머물고 있다. 청소년 인구가 줄고 있다는 걸 고려하더라도 소년범죄가 심각해졌다고 보기는 힘들다.

소년범죄란 무엇인가

—

"시대가 변하면서 아이들은 과거보다 더 어린 나이부터 영악하게 행동하고 더 심한 잘못을 저지른다. 그러므로 용서해선 안 된다. 소년법을 개정하여 강하게 처벌해야 한다."

—

이렇게 주장하는 사람들이 적지 않다. 하지만 현장에서 일하는 전문가들의 생각은 전혀 다르다. 범죄의 종류가 달라지긴 했지만, 그것은 사회 변화에 따른 결과에 불과하다는 것이다. 세상을 경악시킬 만한 범죄는 과거에도 있었다.

우리는 소년범죄가 시대의 흐름에 따라 어떻게 변화했는지 살펴보기 위해 지난 30년간 언론이 보도한 기사의 헤드라인을 직접 조사해 분석했다.

대검찰청을 비롯한 수사기관들은 매년 소년범죄 통계를 발표한다. 하지만 살인 등 강력계 사건, 절도 및 사기, 성폭행 등의 범주로 구분되는 통계와 달리 우리가 분석한 내용에는 범죄의 '흐름'이 있었다.

한국언론진흥재단의 뉴스 빅데이터 분석 시스템 '빅카인즈(BIGKinds)'를 이용해 '소년' '십 대' '범죄' '검거' '재판' 등 검색어로 나온 헤드라인을 취합하고 빈도가 두드러진 단어를 추렸다. 그리고 1990년대, 2000년대, 2010년대로 시대를 나눠 기사를 정리했다. 불가능해 보일 정도로 방대한 양이었다. 몇 주 동안 수천 건의 기사를 분류했다. 시대에 상관없이 엇비슷한 범죄도 있었지만, 특정 시대로 나눠 다른 양상을 보이는 부분 또한 존재했다.

'집단' '금품' '절도' '오토바이' '차량' 등의 단어는 모든 시대에 두드러졌다. 그중 '집단'은 성인과 구분되는 소년범죄의 가장 큰 특징이다. 대검 통계에 따르면 2018년도 소년 범죄자(만 14세 이상 만 18세 이하의 소년범죄를 저지른 자) 가운데 공범이 있는 비율은 41.7퍼센트로 같은 해 전체 범죄자의 공범률(5.7퍼센트)과 비교해 일곱 배 이상 높았다. 성인 범죄자 대부분이 단독으로 범행을 저지르는 반면 청소년은 무리 지어 범행을 저지른다. 그만큼 또래의 영향이 크다는 뜻이다.

우리가 만난 아이들도 왜 범죄를 저지르게 됐냐는 질문에 다음과 같은 말을 했다.

—

"아는 형이 시켜서……."

"친구가 하자고 해서……."

"애들이랑 놀다가 심심해서……."

이와 같은 무리 짓기의 습성은 사람들에게 소년범죄가 실제보다 더 심각하다는 인식을 심어주는 요인 가운데 하나다. 통계청에서 발표한 '2019년 한국의 사회 동향'은 '청소년 형법 범죄자는 공범과 함께 범죄를 저지른 경우가 많아서 국민이 거칠고 사납게, 흉포화되어간다고 느끼는 것 같다'라고 분석했다.

'금품' '오토바이' 등은 소년범죄의 절반을 차지하는 절도를 상징적으로 보여주는 단어다. 언론에 많이 노출돼 국민적 공분을 사는 건 살인, 강도, 강간 등과 같은 강력 범죄지만, 실제 대부분 소년범죄는 재산 범죄에 집중돼 있다.

준호는 차량 절도와 무면허 운전으로 보호처분을 받았다.

—

"운전은 언제 처음 했어요?"

"아마 중학생 때? 오토바이도 몰고 차도 몰고……. 차는 열 번 정도 운전한 것 같아요. 오토바이는 두세 번?"

"처음 운전했을 때 기분이 어땠어요?"

"스릴 있고 재밌었죠."

"차는 어떻게 구했어요?"

"주차장 같은 데에 사이드미러 안 접힌 차 있잖아요. 그런 차가 보이면 그냥 한 번씩 문이 열리는지 손잡이를 당겨봐요. 그중에 안 잠긴 차가 있으면 그냥 그거 타는 거예요. 요새는 키가 없어도 시동이 걸리는 차도 많아서……. 형들이 렌터카 빌려 오면 그거 몰 때도 있었고…….."

"안 무서웠어요? 사고 날 수도 있고, 걸리면 처벌받는데."

"안 걸리면 되죠. 사고 안 내면 되고. 차를 한번 타기 시작하니까 나중엔 버스 타기 싫고, 택시 타면 돈 들고…….."

"최근에도 무면허로 운전하다 사고 냈다는 기사가 났잖아요. 일고여덟 명이 한 차에 타고 가다가요. 그런 거 봐도 안 무서워요?"

"별로요. 사고 난 건 안타까운 일이고, 죽은 사람은 진짜 안됐죠. 그런데 저는 그냥 재밌어요. 난 안 죽을 거 같다는 생각이 들어요. 어떻게 아냐고요? 저 운전 진짜 잘하거든요. 다른 애들은 사고 내도 저는 한 번도 사고 낸 적 없어요."

—

10년을 주기로 소년범죄의 특징이 달라지는 게 눈에 띄었다. 1990년대에는 '본드 흡입'과 '환각' '조직폭력배' '폭주족' 등이 사회문제였다. 2000년대 들어 '인터넷' '판매' '채팅' '게임' 등을 키워드로 한 범죄 기사가 늘었다. 2010년대 이후 눈에 띄는 건 '성매매' '스마트폰' '만남' 등의 단어였다.

그럼에도 지난 30년간 보도된 소년범죄 기사의 헤드라인을 분석하며 가장 놀라웠던 것은 20년, 30년 전 기사가 바로 어제 기사처럼 느껴지는 일이 적지 않다는 점이었다. 가정집과 가게를 털고, 오토바이를 훔쳐 달아나는 소년들은 어느 때나 있었다. 이들을 다루는 언론의 보도 양상 또한 변하지 않았다.

| 시대별 워드 클라우드 |

1990년대

2000년대

2010년대

서울대 언론연구소 이은주 교수 연구팀에 의뢰해 30년 동안의 소년범죄 기사 헤드라인 1만 1864건을 분석한 결과. 30년 동안 꾸준히 등장한 단어와 시대별로 새로 등장하는 단어를 구분하기 위해 임의로 가중치를 뒀다.

1990년대부터 2010년대 이르기까지 계속 나온 '강도' '절도' '털다' '훔치다' 등의 단어는 소년범죄 중 절도가 가장 많다는 현실과 연결된다. '무섭다' 같은 단어는 2000년대부터 확연히 눈에 띄었다. 기사 헤드라인에 언론사의 주관적 시각이 들어갔다는 의미다.

—

소년범의 범죄가 날로 흉포해지고 있다. 어쩌다가 십 대 청소년들의 성행이 이 지경까지 왔는가.

—

1990년 1월 어느 신문의 사설 중 한 대목이다. 지존파 등 각종 폭력 단체가 활개를 치던 1990년대에는 소년범죄에서도 조직폭력이 눈에 띄었다. 유명한 몇몇 조직에 중고등학생이 가담하면서 청소년이 성인 범죄를 모방하고 조직 강령까지 만들어 후배들을 교육한다는 기사가 많았다.

인터넷이 대중화된 2000년대 들어서는 '화이트바이러스' '까마귀' 등 컴퓨터 바이러스를 만들어 유포한 십 대 해커가 잇따라 붙잡히는 등 사이버 범죄가 두드러졌다.

스마트폰 보급 이후 SNS 왕따, 폭행 인증 영상 등 학교폭력 양상이 늘었다고는 하지만 이전에도 이러한 일들이 없었던 건 아니다. 2007년에는 체벌 카페*나 사이버 앵벌이 사기단이 등장하기도 했다. 폭탄이나 석궁 만드는 법, 열쇠 없이 차 시동 거는 법 등을 인터넷으로 검색하여 범죄 수법을 습득하는 사례도 있었다.

불법 도박이나 중고 거래 사기도 온라인 접근성이 개선되면서 생긴 변화다. 시설에서 만난 아이들 대부분이 불법 스포츠 토토 같은 온라인 도박에 노출되어 있었다.

* 서로 때려줄 사람을 모집하는 음란 온라인 카페.

온라인 세상은 아이들의 삶을 뒤바꿨다. 이십 대 기자인 우리의 청소년기와 비교할 수 없을 정도다. 이전에는 노는 애들이라고 해봤자 동네를 중심으로 몇몇 학교 학생이 모인 것이 전부였다. 하지만 이제는 동네 범위를 넘어섰다. 페이스북 같은 소셜미디어를 중심으로 아이들은 전국 단위로 친구를 사귄다. 우리가 만난 아이들 가운데 많은 수가 친구를 따라 다른 지역에 가본 적이 있다고 했다.

유진은 택시를 타고 서울에서 대구까지 갔다가 돈을 내지 않고 도망치느라 숨이 차서 죽을 뻔했다는 얘기를 무용담처럼 늘어놓았다. 제혁은 온라인상에서 다툼을 벌이다 전라도에서 경기도까지 상대를 찾아간 친구의 이야기를 들려주었다.

온라인을 통한 따돌림과 폭력은 아이들에게 대수롭지 않은 일상이었다. 사이버 범죄를 직접 당하거나 저지른 적이 있느냐는 질문에 지우는 잠시 생각하더니 "범죄인지는 모르겠는데요, 친구가 원하지 않는 사진을 페이스북에 올린 적이 있어요" 하고 말했다.

—

"페이스북에요?"

"네. 이상한 사진에 걔 얼굴을 합성해서……."

"그 친구랑 싸워서 그랬던 거예요?"

"아니에요. 그냥 장난이었어요."

"장난이요?"

"네. 그런데 그 일로 걔가 화내는 바람에 싸웠어요. 그래도 금방 풀었어요. 친한 애라서……."

"다른 사람 사진도 올린 적 있어요?"

"사진 올린 건 걔뿐이에요. 사진은 아니고, 어떤 애랑 싸웠는데 제가 페북에 걔 신상을 올린 적이 있어요."

"이름 같은 걸 올린 건가요?"

"네. 그게……. 제가 그 애를 도와준 적이 있는데 걔가 다른 사람한테 그걸 말할 때 자기가 잘못한 건 쏙 빼고 말하는 거예요. 짜증 나잖아요. 그래서 페북에 태그해 걔 욕을 적어 올렸어요. 그랬더니 '좋아요'도 100개 넘게 달리고 욕도 엄청나게 달리고……."

"그랬더니?"

"걔가 갑자기 우는 거예요. 게시물에 욕이 달렸다고……. 그래서 삭제하고 사과했어요."

"친구가 울기 전까지는 잘못했다는 생각이 들지 않았나요?"

"친하게 지내던 애였어요. 저도 홧김에 올린 거예요. 그렇게까지 상처받을 줄은 몰랐어요."

—

온라인에 친구 신상을 올린 적 있느냐는 설문 조사 항목에 '그렇다'라고 답한 경인은 심각한 건 아니었다며 말문을 열었다.

—

"만약에 어떤 애랑 사이가 안 좋아졌다, 아니면 돈을 빌려놓고 갚지 않는다, 그러면 페북에 올리는 거예요. '누구누구 돈 갚아라' 하는 식으로요. 마음에 안 드는 애가 있으면 저격 글을 올리기도 하고……."

"실명으로 친구를 비난하게 되는 건데……. 그렇게 하는 이유가 뭐예요?"

"마음에 안 드니까요. 다른 친구들이 같이 욕해주니까 든든하기도 하고요."

"상처받을 수 있겠다는 생각은 안 들어요?"

"그럴 수 있겠지만……. 그러면 자기가 잘했어야죠."

—

아이들은 온라인에서 벌어지는 신종 범죄들을 줄줄 꿰고 있었다.

—

"간단한 건 중고 거래 사기예요. 물건 판다고 올려놓고 돈 받고 잠수 타는 거죠. 우선 총대 멜 사람을 한 명 세워요. 한 명은 잡혀 들어간다는 각오로요. 총대 멜 사람을 정했으면 대포통장 만들어서 그걸로 돈 받고, 바로 출금하면 걸리니까 돈세탁하는 것도 있고요. 거기서 수수료 떼고 서로 나눠 갖는 거예요."

"그 돈은 어디에 써요?"

"돈 쓸 곳이야 많죠. 비싼 술 마시고, 비싼 밥 먹고, 일주일 정도 차를 렌트하기도 하고……. 명품 같은 것도 사고 돈 쓰려면 기가 막히게 잘 쓸 수 있어요."

"돈 버는 방법이 또 있나요?"

"도박도 많이 하죠, 요즘엔. 배당 같은 거나 여러 가지 차이점이 있는데 저는 주로 스포츠 토토를 해요. 몇백씩 버는 애들도 있어요. 사실 잃은 게 더 많을 수도 있어요. 그런데 '천만 원 잃으면 다시 따면 되지' 하고 생각하는 거예요. 저도 그래요."

소년범죄 주요 사건 및 여론 흐름표

사건	연도	여론·정책
비디오 가게 모녀 살해 십 대 무죄 선고	1990	
지존파 일당 검거 – 십 대 조직원 포함	1994	
마지막 소년범 사형 집행 – 가정주부 강도 강간 배진순·김철우	1995	서울 시민 인식 조사 – 청소년 심야 통금 찬성
빨간 마후라 비디오 파문	1997	
악성 컴퓨터 바이러스 유포 십 대 검거	2000	
	2002	정부 교내 폭력서클 실태 조사
밀양 집단 성폭행	2004	
부산 개성중 동급생 폭행 치사 학교폭력조직 '일진회' 파문	2005	공직선거법 개정 – 선거연령(20세→19세) 하향
	2007	소년법 개정 – 촉법소년(12세→10세), 범죄소년(20→19세) 연령 하향
대전 지적장애 여중생 성폭행	2010	
전교1등 고3 존속살인 대구 중학생 집단 괴롭힘 자살	2011	
신촌 사령 카페 살인	2012	학교폭력 실태 조사 정례화
용인 고교생 엽기 살인	2013	
용인 벽돌 투척 초등학생	2015	
부산 여중생 폭행, 인천 초등생 살인	2017	청와대 1호 국민청원 '소년법 폐지' – 10만 명 동의해 정부 답변
영광 여고생 집단 성폭행 사망	2018	법무부 제1차 소년비행예방 기본계획발표 – 형사미성년자 (14→13세) 연령 하향 추진
인천 여중생 집단 성폭행	2019	
텔레그램 n번방 성 착취 대전 무면허 운전 사망	2020	청와대 국민청원 'n번방 신상 공개' '렌터카 십 대 엄중 처벌'

○ 비디오 가게 모녀 살해 십 대 무죄 선고

18세 진 모 군이 비디오 가게 주인인 27세 여성과 4세 딸을 흉기로 살해한 혐의로 붙잡힘. 구속 기소돼 사형이 구형됐으나, 증거 부족으로 무죄 선고. 재판부는 경찰 수사 당시 주먹으로 얼굴을 맞고, 이틀간 열여섯 차례 자술서를 반복해서 작성한 점 등으로 미뤄볼 때 진 모 군이 강압에 의한 자백을 한 것으로 판단했다.

○ 지존파 일당 검거—십 대 조직원 포함

지존파 일당이 부유층에 대한 증오를 행동으로 보이자며 1993~1994년 다섯 명을 연쇄 살인한 사건. 그중 고등학교를 중퇴한 후 조직에 합류한 송봉우는 18세의 나이로 강간, 살해에 동참했다. 이후 죄책감에 시달리다 조직을 탈출했지만, 결국 붙잡혀 살해된 뒤 암매장됐다.

○ 마지막 소년범 사형 집행—배진순, 김철우

십 대 강도 네 명이 1989~1990년 10회에 걸쳐 부녀자 성폭행, 금품 강탈. 일가족이 보는 앞에서 딸을 성폭행하는 등 가정파괴범으로도 알려졌다. 당시 피의자는 모두 만 18~19세 소년범이었는데, 그중 배진순, 김철우에 대해 사형이 선고됐고, 1995년 11월 2일 집행. 살인범이 아닌 십 대 흉악범에게 이례적인 극형이 내려졌다.

○ 빨간 마후라 비디오 파문

김 모 군 등 십 대 고등학생이 중학생 여자 친구와 외국 포르노를 흉내 내어 집단 성행위 영상을 촬영, 제작한 것. 영상에 등장한 최 모 양은 비디오 촬영 전 성폭행을 당한 것으로 알려졌지만, 결국 법원에서 보호관찰을 명령받았다. 소년원 생활 뒤에는 미성년자 성매매에 내몰렸고, 그 과정에서 성폭행, 감금 등을 당한 것으로 알려져 충격을 줬다.

○ 악성 컴퓨터 바이러스 유포 십 대 검거

중학생 등이 화이트바이러스, 에볼라, 까마귀, 고래바이러스 등 각종 컴퓨터 바이러스를 만든 뒤 유포하다 경찰에 적발. 하지만 경찰은 이들의 실력이 사장되지 않도록 하기 위해 불구속 입건, 검찰도 기소유예. '국가 자산'으로서 선도한다는 방침.

○ 밀양 집단 성폭행

2004년 밀양 지역 고교생 수십 명이 울산, 창원의 중고교생을 유인해 집단 성폭행, 구타, 금품 갈취한 사건. 가해자들이 성폭행 영상을 인터넷에 유포하겠다고 협박하면서 피해가 1년 가까이 이어졌다. 용의자가 115명이나 됐지만, 당시 정확한 조사가 이뤄지지 않은 탓에 검찰로 송치된 이들은 44명으로 줄었다. 특히 가해자 가족들이 피해자를 찾아 협박하고, 수사기관 역시 2차 가해를 일삼은 사실이 알려지며 이에 항의하는 시민들의 촛불집회까지 열렸다. 피해자에게 씻을 수 없는 상처를 남기고도 가해자들이 제대로 처벌받지 않은 대표적인 사례로 꼽힌다.

○ 부산 개성중 동급생 폭행 치사
부산 개성중에서 최 모 군이 같은 반 친구 홍 모 군을 주먹, 발, 의자 등으로 폭행한 사건. 이로 인해 피해자는 폐의 3분의 2가 파열됐고, 나흘 만에 결국 사망했다. 최 군은 이후 온라인에 '살인도 좋은 경험' 등의 글까지 올렸는데, 피해자 가족과의 합의로 형사부가 아닌 소년부로 송치됐다. 이후 피해자 아버지는 학교가 제대로 대응하지 않았다며 교육청을 상대로 손해배상 청구 소송까지 냈지만, 모두 기각됐다.

○ 학교폭력조직 일진회 파문
대구 지역 4개 중학교 학생들이 연합으로 일진회를 결성, 학교 안팎에서 또래 학생들에게 폭력을 휘두르며 금품을 갈취한 사건. 돈을 주지 못하는 학생에게는 상점 등에서 훔친 뒤 상납하도록 했고, 일진회에 가입하려는 학생은 싸움을 붙여서 서열을 정하고, 합숙 훈련까지 벌였다. 범행뿐 아니라 조직 구성도 성인 폭력 조직을 그대로 흉내 낸 것으로 알려졌다.

○ 대전 지적장애 여중생 성폭행
고등학생 16명이 인터넷 채팅을 통해 알게 된 정신지체장애 3급 14세 중학생을 한 달여간 성폭행한 혐의로 붙잡혔다. 중범죄임에도 형사부가 아닌 소년부로 송치돼 논란. 당시 재판부는 피고인들의 상황을 고려해 판결을 수능시험 이후로 미루고, 과거 비행 전력이 없었던 점 등을 들어 보호처분 1, 2, 4호만 내려 솜방망이 처벌이라는 반발이 일었다. 가해자 한 명은 입학사정관제 '봉사왕'으로 대학에 입학했다가 범죄 사실이 알려지며 입학이 취소됐다.

○ 전교 1등 고3 존속살인

고등학교 3학년 지 모 군이 낮잠을 자던 어머니를 부엌에 있던 흉기로 찔러 살해한 뒤 8개월간 시신을 숨긴 사건. 조사 과정에서 어머니는 평소 아들의 성적이 낮으면 밥을 주지 않거나 야구방망이 등으로 때렸으며, 범행 당시에도 지 군은 체벌로 사흘간 먹고 자지 못한 상태였던 것으로 드러났다. 재판부는 이런 상황을 고려해 지 군이 심신미약 상태에 있었다고 보고 장기 3년6월, 단기 3년의 징역형을 선고했다.

○ 신촌 사령(死靈) 카페 살인

인터넷 사령 카페에 심취한 네 명이 20세 박 모 씨의 주도로 그의 전 남자 친구 20세 김 모 씨를 살해한 사건. 박 씨가 사령 카페 활동을 두고 김 씨와 언쟁을 벌이다가 다른 회원을 끌어들인 것. 범행 직후에도 전혀 죄책감을 느끼지 않는 이들의 카카오톡 메시지와 사령 카페의 비정상적 행태 때문에 관심이 집중됐다. 범행을 주도한 16세 고교 자

퇴생 이 모 군과 18세 대학생 윤 모 씨는 징역 20년, 망을 본 15세 홍
모 양은 장기 12년에서 단기 7년을 선고받았다. 박 씨에게는 살인 방
조 혐의로 징역 7년이 선고됐다.

○ 용인 고교생 엽기 살인
19세 심기섭이 십 대 여성을 모텔로 데려가 성폭행, 살해한 뒤 주검을
잔인하게 훼손한 사건. 사체 간음을 하는가 하면 시신을 열여섯 시간
이나 흉기로 훼손하고, 일부를 화장실에 유기까지 해 충격을 줬다. 고
등학교 2학년 때 자퇴했는데, 전과는 없지만 과거 자살 기도로 정신
과 치료를 받은 것으로 알려졌다. 1심부터 무기징역이 선고됐고, 신
상정보 공개 10년, 위치 추적 전자장치 부착 30년 판결을 받았다.

○ 용인 벽돌 투척 초등학생
용인의 한 아파트 옥상에서 초등학생들이 벽돌을 떨어뜨려 주민 한
명이 사망하고 한 명이 다친 사건. 수사 초기 피해자들이 길고양이 집
을 짓던 상황에 비춰 '캣맘'을 겨냥한 혐오 범죄로 여겨졌지만, 초등
학생들이 학교에서 배운 낙하 실험을 하기 위해 벽돌을 던졌다가 사
고를 낸 것으로 밝혀졌다. 돌을 던진 A군이 10세 미만이라 불기소, 옆
에 있던 B군은 11세라 과실치사상 혐의로 소년부로 송치됐는데 당시
A군이 불기소된 데 대해 형사법상 책임 연령을 낮춰야 한다는 여론이
일었다.

○ 부산 여중생 폭행 사건

부산 여중생 네 명이 다른 중학생을 공사 자재와 의자, 유리병 등으로 폭행해 상해를 입힌 사건. 당시 피투성이가 된 채 무릎을 꿇은 피해 학생의 사진이 SNS로 확산하며 국민적 분노를 샀다. 폭행에 가담한 세 명은 소년원 송치 선고를 받고, 한 명은 만 13세 미만인 촉법소년 이라 보호처분을 받았다. 이에 형사처벌을 안 받는 건 잘못됐다며 소 년법을 폐지하라는 청와대 국민청원이 줄을 이었다.

○ 인천 초등생 살인 사건

고등학교를 자퇴한 만 16세 김 모 양이 놀이터에서 놀고 있던 8세 여 아를 자신의 집으로 유괴해 살해하고 시신을 훼손한 사건. 김 양은 소 년법에 의해 징역 20년을 선고받았고, 그를 도와 사체를 유기한 박 모 양은 살인 방조 혐의로 징역 13년을 선고받았다.

○ 인천 여중생 집단 성폭행

중학생 두 명이 여중생에게 술을 먹여 정신을 잃게 한 뒤 성폭행하고, 나체 사진까지 촬영한 사건. 피해자 가족이 '오늘 너 킬(Kill) 한다'는 제목의 청와대 국민청원을 올렸는데, 가해자들이 범행 이후에도 반 성하거나 사과하는 모습을 보이지 않은 것으로 드러나 여론이 크게 분노했다. 가해자들에겐 특수절도·공동공갈 등의 혐의가 추가돼 각 각 장기 징역 4년에 단기 징역 3년형이 선고됐다.

○ 텔레그램 n번방 성 착취

2018~2020년 텔레그램, 디스코드, 위커 등 각종 메신저 앱에서 피해자를 유인한 뒤 협박해 성 착취물을 찍게 하고 이를 유포한 사건. 경찰청 디지털 성범죄 특별수사본부 수사로 n번방 운영자 문형욱(갓갓), 박사방 운영자 조주빈(박사), 이원호(이기야), 강훈(부따) 등 3575명이 검거됐다. 가해자 중엔 16세 이 모 군(태평양)도 있었다. 수사 결과 확인된 피해자만 1154명이며, 그중 20대 이하가 60.7퍼센트였다.

○ 대전 무면허 운전 사망

중학교 2학년생 여덟 명이 서울의 한 렌터카 업체에서 차를 절도해 대전까지 운전하다가, 경찰을 피해 도주하는 과정에서 오토바이 운전자를 치어 사망하게 한 사건. 특히 피해자가 대학 새내기로 배달 아르바이트를 하던 도중 사고를 당해 안타까움을 더했는데, 사고를 낸 여덟 명 모두 만 12~13세로 형사처벌을 할 수 없는 나이여서 국민적 공분이 일었다. 당시 이들을 처벌해달라며 올라온 청와대 국민청원에는 100만 명 이상이 참여했다.

청소년 성범죄

온라인의 발달과 플랫폼의 다변화는 소년범죄의 양상을 뒤바꿨다. 2010년대 들어서 소년범죄에서의 성 관련 키워드가 눈에 띄게 늘었다. 과거에도 성범죄는 있었지만 최근 몇 년간 전체 소년범죄에서 성범죄가 차지하는 비율이 높아지면서 언론 보도에도 큰 영향을 끼쳤다.

성범죄의 증가는 많은 사람이 소년범에 대해 '절대 용서해서는 안 된다'라는 강경한 태도를 취하게 하는 가장 큰 이유 가운데 하나다. 이 같은 경향은 '텔레그램 n번방 성 착취 사건'이 알려진 후 더 강해졌다.

텔레그램 성 착취 사건은 우리로 하여금 소년범 기획을 계속해야 할지 말아야 할지, 그 당위성마저 고민하게 만든 엄청난 사건이었다. 2019년 대학생 기자들인 '추적단 불꽃'이 처음으로 포착한 텔레그램 내 성 착취 문제는 2019년 말에서 2020년 초 언론 보도를 통해 전국적 이슈로 떠올랐다.

미성년자를 포함한 여성을 유인하고, 이들을 협박해 성 착취물을 찍게 한 뒤 유포한 악랄한 수법에 수많은 사람이 분노했다. 강력히 처벌해 다시는 또 다른 피해자가 생기지 않게 하라는 목소리가 각종 게시판과 커뮤니티를 달궜다.

문제는 채팅방을 운영한 주요 피의자 중 십 대도 있었다는 점이다. 바로 '태평양' 이 모 군이었다. 16세인 그는 '박사방'에서 유료 회원과 운영진을 거쳐 '태평양원정대'라는 성 착취물 공유방을 별도로 꾸렸다가 체포됐다. 당시 태평양의 검거 기사와 관련하여 가장 많은 추천을 받은 포털사이트 댓글은 이거였다.

—

'돌겠네. 법 개정이 시급하다. 요즘 아이들은 아이가 아니다. 중형 처벌하세요.'

서혜림·유경선, 「박사 후계 노린 16세 '태평양' 잡혔다. 2만 회원 '원정대' 운영」, 『뉴스1』, 2020년 3월 26일자 기사

—

우리 기사가 나가기 몇 달 전의 일이었다. 소년범을 취재하겠다고는 했지만, 텔레그램 성 착취 같은 범죄를 저지른 경우라면 나부터가 도저히 '한 번 더 기회를 주자'는 말을 하기 어려울 것 같았다. 성범죄 피해자들을 떠올리면 '우리 기사가 가해자를 옹호하는 것처럼 보이지 않을까?' 하는 생각도 저절로 들었다. 우리에게 n번방 사건은 아이템 기획 단계부터 기사가 나간 뒤, 그리고 책을 쓰고 있는 지금까지도 마음 한구석을 차지하고 있는 응어리 같은 것이다.

그런데도 우리가 끝까지 소년범의 이야기를 다루기로 마음먹은

데는 이유가 있다.

—

첫째, 우리가 다루고자 하는, 보호처분을 받은 아이들의 범죄는 텔레그램 성 착취 같은 심각한 사건들과 결코 그 무게가 같지 않다. 통계상 소년범죄에서 강력범죄 비율은 낮다. 극악무도한 범죄만 있는 게 아니다.

둘째, 살인이나 강도, 집단 폭행, 성범죄 등은 현재의 소년법으로도 충분히 처벌할 수 있다. 왜냐면 중범죄를 저지르는 경우엔 보호처분이 아닌 형사처벌을 받는 시스템이 지금도 있기 때문이다.

—

그러니까 우리가 집중한 건 텔레그램 성 착취 같은 범죄의 가해자가 아니라, '애매한' 경계에 서 있는 위기의 아이들이었다. 비행과 범죄 사이, 이대로 됐다간 더 큰 범죄를 저지를 가능성이 있는 아이들.

소년 보호시설 선생님들이나 관련 단체 활동가, 연구자 등 수많은 이들 역시 입을 모아 우리와 비슷한 주장을 펼쳤고, 실제 아이들을 만나 얘기하면서 이런 생각은 더 확고해졌다.

좀 더 자세히 살펴볼 부분도 분명히 존재했다. 통계만 볼 때 성범죄는 늘었다. 최근 10년간 소년범죄 가운데 살인, 강도, 방화 등은 꾸준히 감소했지만 성범죄는 2010년 2107건, 2014년 2565건, 2018년 3174건으로 오히려 증가했다.

하지만 전문가들은 수치만 봐서는 안 된다고 말한다. 그보다는 십 대의 성범죄를 불러일으킨 '배경'을 봐야 한다는 것이다. 십 대

성범죄자는 갑자기 나타난 '괴물'이 아니다. 10년, 20년 전에도 유사한 사건은 지속적으로 일어났다.

1990년대 인터넷 보급과 함께 몸집을 키운 디지털 성범죄에서 십 대들은 성 착취의 계보에 빠짐없이 등장했다. 비디오에서 PC통신, 소라넷, 웹하드, 카카오톡을 거쳐 텔레그램과 다크웹에 이르기까지 디지털 성범죄의 제작과 유통에 가담한 십 대가 지속적으로 적발됐다. 청소년 성범죄는 사회 변화에 따라 '진화'한 셈이다.

청소년 성범죄를 만들어낸 건 '악마 같은 소년범'이 아니었다. 우리 사회에 이미 뿌리 깊게 자리 잡고 있던 성에 대한 왜곡된 시각이었다. 1997년 7월 '빨간 마후라' 비디오 사건이 한 예다. 당시 또래 여성을 대상으로 영상을 찍은 십 대 남성 김 모 군의 말은 이랬다.

—

"일본 음란물을 보고 재미 삼아 찍었어요."

—

이 영상은 피해자가 집단 성폭행을 당하는 장면을 불법 촬영한 것이었다. 하지만 사람들은 이를 성범죄가 아닌 피해자의 문란한 일탈이 빚은 사건 정도로 여겼다. 비디오방은 빨간 마후라 영상을 구하려는 어른들로 북적였고 각종 패러디물이 제작됐다. 청소년들이 어른들이 만든 영상을 보고 이를 모방하고, 새로운 범죄를 저지르고, 그 성 착취물이 우리 사회에서 범죄가 아닌 단순 '음란물'로 둔갑하면서 비슷한 사건은 반복됐다.

성범죄를 주로 다룬 한 검사는 "청소년들은 호기심이 강하고 행위의 결과를 고려하지 않아 자극적인 성 관련 콘텐츠를 쉽게 모방하는 경우가 많다"고 했다. 이 때문에 전문가들은 성범죄를 묵인하고, 왜곡된 성 인식을 공유하는 어른들부터 바뀌어야 한다고 지적한다.

박인숙 민주사회를 위한 변호사모임 여성인권위원회 변호사는 "청소년의 성이 금기시되는 상황에서, 올바르지 않은 경로로 여성이 성적 도구화되는 콘텐츠에 무분별하게 노출되면 왜곡된 성 인식을 갖게 된다"라고 지적하며 "교화 가능성이 있는 청소년기에 올바른 젠더 교육을 통해 이들이 소년범, 더 나아가서는 성인범이 되지 않도록 막아야 한다" 하고 말했다.

5 소년 범죄자와 소녀 범죄자

기자의 일과 책임감 사이

"선생님, 다음에 또 와요?"

인터뷰가 끝나갈 무렵 소년 보호시설 아이들이 물었다. 기대가 담긴 그 눈빛을 보면 가슴 한쪽이 쿡쿡 쑤셨다. 취재 상황과 일정에 따라 유동적이었던 터라 확답을 주지 못했다. 한두 달 후 다시 시설을 찾았지만 아이들 대부분은 이미 퇴소하고 없었다.

아이들과 대화를 하다 보면 자연스레 자라온 환경에 관한 이야기로 넘어갔다. 많은 아이가 살면서 좋은 어른을 만나본 적이 없다고 했다. 그 말을 들으며 나는 아이들의 눈에 어떤 어른으로 비칠지 궁금했다.

—

우리는 아이들에게 무엇을 해줄 수 있을까?

—

이십 대 기자 셋이 온종일 취재를 하고 집으로 가는 길에는 회의와 토론이 이어졌다. 아이들이 들려준 이야기에서 공통점과 차이점을 찾아내고, 소년들은 어떻게 범죄의 굴레에 빠지는지 생각을 나누고, 비행 청소년들의 또래 문화에 대한 정보를 공유했다. 그러다 침묵이 찾아왔다.

─

시설에서 퇴소한 아이들은 어떻게 될까? 아이들의 집도, 학교도 그대로일 텐데…….

─

검찰에는 소년범을 대상으로 하는 '선도조건부 기소유예' 제도가 있다. 경미한 범죄를 저질렀거나 개선의 여지가 있는 소년을 대상으로 기소 대신에 일정 시간 이상 선도 목적의 프로그램을 이수하도록 하는 것이다. 청소년은 성인보다 교화 가능성이 크다고 보고, 재판 단계까지 가지 않고도 풀려날 기회를 준다는 취지다.

몇 해 전 우리는 이 제도에 대해 취재했다. 선도조건부 기소유예 처분을 받은 소년 몇 명과 먼저 통화를 했다. 아이들은 모두 "이 제도가 있어서 너무 좋다"라고 했다. 한 번 더 얻게 된 기회가 얼마나 소중한지 모른다면서. 한 아이는 집안 형편이 어려워 절도를 하게 됐고, 상담이 필요할 정도로 정신 상태가 불안정했다고 털어놓았다. 심리 치료 프로그램에 참여하면서 처음으로 자기 얘기를 들어주는 사람을 만나 이제는 많이 달라졌다고 했다.

몇몇 아이들은 실제로 만났다. 예체능 프로그램에 참여해온 아이들이 한 학기에 한 번 직접 작사, 작곡한 노래를 부르고 악기를 연주하는 발표회 날이었다. 공연장에서 만난 아이들은 선도 프로그램이 얼마나 좋았는지 앞다투어 이야기했다.

학교 수업이 재미없어 자연스레 비행에 빠졌는데 심리 치료 수업을 듣고 선생님들과 상담을 하면서 마음을 고쳐먹게 되었다고 한다. 아이들은 돈이 없어 배우지 못했던 악기를 직접 만지고 연주하는 것도 새로운 경험이었다고 했다. 직접 쓴 노랫말에는 아이들의 경험과 생각이 묻어났다.

—

돈이 없어
부모님 지갑에 손댔지
편의점 털었지

—

과거의 잘못에서 벗어나 새 출발을 준비하는 아이들의 모습을 보며 기분 좋게 취재를 마쳤지만, 공연장 밖에서 마주한 아이들의 모습에 다시 가슴이 답답해졌다. 공연하지 않을 때의 아이들은 그냥 똑같은 비행 청소년이었다. 불량스러운 표정과 말끝마다 따라붙는 욕, 선생님들이 사라지자 슬그머니 담배에 불을 붙이던 모습……. 나도 모르게 한숨이 나왔다.

물론 겉모습으로 모든 걸 판단할 수는 없다. 아이마다 개선의 정도도 다르다. 어떤 아이들은 분명 다시는 범죄를 저지르지 않겠다는 굳은 결심을 했을지 모른다. 하지만 형사처벌을 피하려고 억지로 교육 시간을 때우는 아이들, 여전히 자신이 무엇을 잘못했는지 깨닫지 못하는 아이들도 적지 않을 것이다.

이 프로그램을 담당하던 검사도 나에게 비슷한 말을 했다.

"충분히 개선될 여지가 있다고 판단해서 교육 프로그램을 듣게 한 아이가 있었어요. 그런데 수료식만 남겨두고 또다시 범죄를 저질러 결국 구속되고 말았죠. 그 아이가 자꾸 생각납니다."

그날 돌아오는 길에 내내 마음이 불편했다. 당시 기소유예 제도의 장점을 설명하는 기사 취지에 맞게 긍정적인 내용 위주로 쓰면서도 그 아이들의 미래가 마냥 밝지만은 않을 수 있다는 생각에 입맛이 썼다.

소년범 기획을 하면서도 그날 공연장에서의 기억이 불쑥불쑥 떠올랐다. 인터뷰를 하고 돌아오는 날에는 항상 마음이 복잡했다.

'우리랑 얘기한다고 아이들의 삶에서 달라지는 게 있을까.'

'우리가 다녀가면 애들이 더 혼란스럽진 않을까.'

'며칠 뒤 퇴소한다던 그 애는 시설 나오면 갈 곳도 없다고 했는데, 어디로 가게 되려나.'

'이번에 나가면 절대 재범 안 하겠다고 약속했던 그 애는 약속을 잘 지킬 수 있을까.'

'이 아이들의 상처는 도대체 누가 보듬어줄 수 있나.'

생각이 꼬리에 꼬리를 물고 이어졌다.

우리가 방문한 한 보호시설의 담당자는 아이들의 인적 사항이 특정되지 않게 글을 써달라고 강조하며 이렇게 말했다.

"아이들 사이에서는 취재에 응하고 자기 이야기를 하는 걸 '사연 팔이'로 보는 시선도 있어요."

우리는 아이들이 힘들 때 기댈 수 있는 좋은 어른을 만나길 바랐지만, 한편으론 그 역할을 떠안는 것이 두렵기도 했다. '직장인'으로서의 한계 때문이었다.

신문기자의 일과는 이렇다.

매일 아침 일찍 일어나 조간신문 여덟 종을 샅샅이 훑는다. '물먹은 건 없나?' 살피기 위해서다. 그러고 나면 오늘은 무슨 아이템으로 기사를 쓸지 발제를 하고, 기사를 마감 시간 전까지 작성해 송고한다. 발제 아이템을 찾거나 기사에 한 줄이라도 더 넣기 위한 취재 활동은 수시로 이뤄진다. 매일매일 신문을 채울 기삿거리를 발굴해야 한다는 압박에 시달리다 보면 지면은 드넓은 바다처럼 느껴지고 신문기자는 힘겹게 날갯짓하는 하루살이 같다는 생각이 든다. 오늘 1면 톱기사를 써도 내일 쓸 기사가 마땅치 않으면 어깨가 움츠러든다.

이렇다 보니 하나의 이슈에 오랜 시간 관심을 두고 지속적인 취재 활동을 하기란 현실적으로 어렵다. 물론 자기만의 관심사를 꾸준히 파고들어 전문성을 기르고, 연재 코너를 만들거나 나아가 전문 기자로 인정받는 선배들도 없지는 않다. 그러나 하루하루 일어나는 사건들을 처리하다 보면 관심 분야를 마음속 저편으로 밀어두게 된다. 아이들에게도 그랬다. 한 아이, 한 사건을 계속 파고들 수 없었다.

그럼에도 아이들의 이야기를 어떻게 하면 잘 전달할 수 있을까 오랜 시간 고민했다. 우리가 아이들과의 인터뷰에서 추출한 단어에 대해 빅데이터 분석을 의뢰한 것은 그 고민의 일환이다. 개개인의 신상이 노출되는 것은 막으면서도 아이들이 했던 말들을 곱씹어 속마음을 엿보고 싶었다.

비행의 생태계

소년 범죄자와 소녀 범죄자의 세계는 같은 듯 달랐다. 성인 범죄자가 성별에 따른 차이가 있는 것처럼 소년범 또한 그랬다.

비행 청소년의 세계를 적나라하게 그려낸 영화 「박화영」에는 소년 영재와 소녀 화영이 등장한다. 둘은 먹이사슬의 양극단에 있다. 무리의 우두머리인 영재 앞에선 모두가 벌벌 떤다. 그의 눈 밖에 난 아이는 어제까지 함께 어울렸던 무리에서 내쳐져 집단 폭행을 당한다. 소녀들은 그가 구하러 와주기를 기다리며 조건 만남에 나선다. 미정은 영재의 애인이라는 이유로 무리에서 권력을 가지는 인물이다. 영재에게 폭행당해도 미정은 그와 헤어질 수 없다. 우두머리가 등 돌리는 순간 미정의 지위는 낭떠러지로 굴러떨어지기 때문이다.

무리에서 엄마라고 불리는 화영은 미정을 비롯한 다른 여자애들과는 다르다. 이 소녀가 무리에서 살아남는 수단은 돌봄 노동이다. 화영은 자기 월세방에 가출한 친구들을 재워주고 라면을 끓여주고 빨래도 해준다. "너희는 나 없으면 어쩔 뻔했냐?" 하며 웃지만 실은 자기가 이용당하고 있다는 걸 화영도 안다. 그런데도 화영은 텅 빈 방에서 친구들이 오기만을 기다린다.

소년의 세계와 소녀의 세계가 작동하는 방식은 미묘하게 다르다. 영재는 싸움 실력으로, 미정은 성적 매력으로 권력을 얻는다. 소년은 힘이, 소녀는 성(性)이 생존 무기인 셈이다. 소년 범죄자와 소녀 범죄자는 생물, 심리, 사회적 차이에 따라 다른 경험을 한다. 이것은 이들이 비행으로 유입되는 경로, 범죄의 유형과 동기에도 영향을 끼친다.

가정과 학교에서의 소외 경험은 성별과 관계없이 소년범 대부분이 공유하는 특성이다. 가해자가 피해자가 되고 피해자가 또다시 가해자가 되는 전이 현상도 비슷하게 나타났다. 중학생 소년이 고등학생을 만나면 피해자가 되고 초등학생을 만나면 가해자가 되는 구조다.

우리는 수십 명의 소년범을 만나며 성별에 따라 비행과 범죄에 휩쓸리게 되는 결정적 요인이 다르다는 점을 발견했다. 소년이 또래에게 존재감을 확인받기 위해 비행을 저질렀다면, 소녀는 친밀한 관계를 갈구하며 맺게 된 뒤틀린 관계 때문에 비행의 늪에 빠졌다.

소년은 힘과 돈으로 우열을 다퉜고, 소녀의 성은 쉽게 범죄의 미끼로 이용됐다. 가출한 십 대가 돈을 벌기 위해 흔히 택하는 조건 만남 사기 범죄에서 소년들은 소녀들을 꾀었고, 소년들에게 범죄 수법을 습득한 소녀들은 다시 자기보다 약한 피해자를 끌어들였다. 말하자면 소녀들은 가해자와 피해자가 자주 전이되는 소년범의 생태계 속에서도 특히 피해자로 전락할 위험성이 컸다. 그중에서도 타의로 인한 성매매나 조건 사기 범죄에 노출된 소녀들은 소년범의 생태계에서 가장 약자였다.

—

범죄의 갈림길에 섰을 때 어떤 아이가 유혹을 이겨내고 어떤 아이가 나락으로 빠져들까.

—

뭉뚱그려진 소년범이라는 단어를 쪼개고, 파헤치고, 분석하다 보면 범죄를 막을 실마리를 찾을 수 있을 것이다.

소년의 이야기

영재의 부모님은 늘 바빴다. 꼭두새벽에 나가 밤늦게 들어올 만큼 쉼 없이 일을 하는데도 삼 남매를 키우느라 돈에 쪼들렸다. 세 살 터울의 누나가 영재와 늦둥이 막냇동생을 돌봤다. 아빠는 술에 취하면 의젓한 장녀 덕분에 살맛이 난다고 일장 연설을 늘어놓았다.

영재는 자기가 외톨이처럼 느껴졌다. 누나는 착한 딸이라서, 동생은 어려서 부모님의 관심을 받았지만 영재는 아니었다. 게다가 빠듯한 집안 형편 때문에 부모님은 용돈 얘기만 나오면 한숨부터 내쉬었다.

중학교 2학년 겨울방학, 영재는 '돈맛'을 봤다. 동네 형들이 영재와 친구에게 고구마 장사를 하라고 했다. 방학 동안 돈을 벌면 오토바이를 한 대 사주겠다고 꼬드겼다. 영재는 추위에 덜덜 떨며 형들이 구해준 통에다 고구마를 구워 팔았다. 어린애가 장사를 한다고 의아하게 보는 시선도 있었지만 안쓰럽다며 고구마를 사 가는 사람도 있었다. 제법 수익이 났다. 방학이 끝날 무렵 영재는 낡은 오토바이 한 대를 선물받았다.

중학교 3학년이 됐다. 친구들은 오토바이를 몰고 다니는 영재를 다르게 봤다. 영재는 어깨가 으쓱했다. 형들은 종종 영재를 불렀다.

"너 돈 필요하다며? 돈 벌게 해줄게."

영재는 형들에게 중고 거래 사기에 대해 배웠다. 학교에서 '대출 놀이'도 했다. 애들한테 돈을 빌려주고 비싼 이자를 받았다. 돈을 안 갚는 애들은 집 주소를 알아내 찾아가서 때렸다.

"내 돈 가져와! 내 돈이라고!"

영재는 입술이 터지고 코피가 흘러도 끝까지 물고 늘어졌다. 형들은 그런 영재를 불러다 싸움을 시켰다. 그저 장난이었지만 영재는 열심히 주먹질을 했다. 영재를 무서워하는 친구들이 많아졌고 영재는 그 상황이 마음에 들었다.

하루는 '대출 놀이'를 한 걸 들켜 교무실로 불려 갔다. 영재는 "네가 건달 고리대금업자야?" 하고 윽박지르는 선생님에게 대들었고 선생님은 부모님을 호출했다. 집에 돌아온 영재는 아빠에게 종아리가 터지도록 매를 맞았다. 아빠는 자식을 잘못 키웠다고 했다. 영재는 돈을 잘 버는 아빠가 있었다면 고구마를 팔지도, 중고 거래 사기를 치지도, 대출 놀이를 하지도 않았을 거라고 생각했다.

집에서도 학교에서도 문제아 취급을 받았다. '에라 모르겠다' 하는 생각이 들었다. 영재는 부모님과 다툴 때면 집을 나갔고 선생님이 혼내면 학교에 가지 않았다.

당장 쓸 돈이 있으니 두려울 게 없었다. 학교에 가지 않는 친구들과 밖에서 노닥거렸다. 모텔에서 노래방에서 술 마시고 담배를 피웠다. 어른들이 하지 말라는 일을 하는 게 즐거웠다. '어른들도 다 하는 일이니까……' 하는 생각이 들었다. 그러다 돈이 떨어졌다.

어느 날은 모르는 애들한테서 돈을 빼앗았고 어느 날은 중고 거래 사기를 쳤다. 슈퍼 주인이 잠깐 자리를 비운 사이 계산대에서 돈을 한 움큼 집어 들고 도망쳤다. 그러던 중 아는 형들이 크게 한탕을 벌이자고 했다. 금은방을 터는 일이었다.

유리창이 깨지고 경보음이 시끄럽게 울렸다. 영재는 시계와 목걸이 등을 가방에 쏟아붓고서는 황급히 금은방을 나섰다. 기다리고 있던 형이 영재를 차에 태우고 도로를 질주했다. 저 너머로 사이렌 소리가 계속 울려 퍼졌다.

소녀의 이야기

미정은 아빠와 할머니와 함께 살았다. 엄마는 미정이 어릴 적에 아빠와 이혼한 뒤 자주 못 봤다. 돈을 버느라 집을 비우는 시간이 많은 아빠 대신 할머니가 미정을 돌봤다. 할머니는 미정을 먹이고 입히고 학교에도 데려다줬다. 살가운 사이는 아니었다. 할머니는 자주 "내 아들 고생시킨 년"이라며 미정의 엄마를 욕했다. 미정이 잘못할 때마다 "제 어미를 쏙 빼닮은 년"이라고 타박했다. 아빠는 가끔 할머니를 말렸지만 그뿐이었다.

미정은 해가 갈수록 집구석을 견디기 힘들었다. 중학교 1학년 때 난생처음 가출했다. 미정의 하소연을 들은 한 친구가 "우리 집에서 잘래? 엄마 아빠 다 일하느라 새벽에 들어오셔" 하고 말했다. 그 친구 집에서 미정은 소희를 만났다. 엄마와 단둘이 사는 소희는 미정만큼 불행해 보였다. 소희 엄마는 미정의 할머니처럼 욕을 하지는 않았지만 딸을 방치했다. 소희는 어렸을 때부터 엄마가 차려준 밥을 먹어본 기억이 별로 없다고 했다. 엄마는 이런저런 트집을 잡으며 소희에게 잔소리만 늘어놓았다.

미정은 소희와 금세 친해졌다. 소희의 엄마가 늦게 들어오는 날이면 소희 집에서 잤다. 외박하고 집에 가면 할머니는 불같이 화를 냈다. 그럼 미정은 집에 가는 게 더 싫어져 다시 집을 나갔다. 가출한 지 사흘이 지나자 할머니는 학교로 찾아와 선생님을 만났다.

중학교 2학년이 된 미정은 반에서 문제아로 꼽혔다. 선생님은 미정을 염려했다. 미정은 같은 반 친구들과 점점 멀어졌다. '그 애들과 나는 다르다'라고 생각했다. 미정은 그 애들을 보며 '모두 나보다 행복하다'고 느꼈다.

미정은 학교 밖 친구들과 어울리기 시작했다. 처음에는 소희가 소개해준 선배들을 만났고 나중에는 소셜미디어를 통해 미정이 먼저 같이 놀고 싶은 애들한테 연락했다. 친구를 만나러 지하철 한두 시간 거리를 왕복했다. 밤늦게 쏘다녔고 가끔은 술도 마셨다.

중학교 3학년이 됐다. 미정은 두 달 정도 남자 친구를 사귀기도 했다. 남자 친구는 면허가 없었지만 운전을 했다. 주차장에서 문이 잠기지 않은 차를 찾으면 그날은 드라이브를 실컷 할 수 있었다.

친구들은 미정에게 자주 가출을 권했다. "집에서 힘들게 해? 그럼 나와, 그냥." 미정은 가끔 친구들과 모텔에서 잤다. 자연스레 결석하는 날도 많아졌다. 어차피 학교에는 반겨주는 사람도 없었다. 진짜 친구들은 다 밖에 있었다.

그러던 중 같이 어울리는 한 남자 선배가 미정에게 말했다.

"'조건 만남' 할 생각 없냐? 너도 돈 벌어야지."

미정은 망설였다. 무서웠지만 싫다고 하면 더는 함께할 수 없을 것 같았다. 그때 유독 미정을 챙겨준 여자 선배가 말했다.

"야. 장난해? 얘 말고 쟤 시켜."

미정 대신 조건 만남을 하게 된 건 더 어린 여자애였다. 미정은 안도했다. 대신 상대를 구하거나 사기당한 어른들에게 돈을 뜯어낼 때 망을 봤다.

미정은 자기를 챙겨준 사람들에게 고마움을 느꼈다. 그들만이 자신을 이해한다고 생각했다. '우리'에 대한 애착이 커지는 만큼 '우리'를 건드리는 사람에 대한 분노도 커졌다. 미정은 친구에게 시비를 거는 애들을 피투성이가 될 때까지 때리고 밟았다. 쓰러져 있는 상대에게 침을 뱉었다. 그것이 미정이 생각하는 관계를 지키는 방식이었다.

• 두 이야기는 인터뷰를 바탕으로 각색했다.

소년과 소녀의 마음을 들여다보다

통계로 본 소년·소녀 범죄자

소년 범죄자는 소녀 범죄자에 비해 압도적으로 그 수가 많다.

2019년 검거된 전체 소년범 6만 6243명 중 82.2퍼센트에 해당하는 5만 4437명이 남자아이들이었다.

소년 범죄자의 과반을 차지하는 범죄 유형은 재산 범죄다. 특히 절도와 사기가 대부분을 차지했다. 그다음으로 폭력 범죄와 도로교통법 위반, 성폭력 순으로 빈번했다. 무면허 운전은 주로 남자아이들이 저지르는 범죄 중 하나다. 도로교통법과 교통사고처리 특례법 위반으로 붙잡힌 소년들을 합하면 6585명에 달했다.

반면 여자아이들에게 가장 빈번한 범죄는 폭력이었다. 소년이 소녀보다 더 많은 범죄를 저질렀지만 눈에 띄는 예외가 하나 있었다. 바로 성매매 알선 범죄다. 2019년 성매매 알선 처벌법을 위반해 검거된 소녀 범죄자는 79명으로 소년 범죄자 27명에 비해 무려세 배나 많았다. 아동·청소년의 성보호에 관한 법률을 위반하여 성

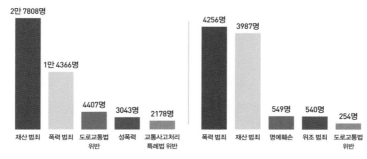

소년 범죄자

2만 7808명 — 재산 범죄
1만 4366명 — 폭력 범죄
4407명 — 도로교통법 위반
3043명 — 성폭력
2178명 — 교통사고처리 특례법 위반

소녀 범죄자

4256명 — 폭력 범죄
3987명 — 재산 범죄
549명 — 명예훼손
540명 — 위조 범죄
254명 — 도로교통법 위반

출처: 대검찰청 '2020 범죄 분석'

매매 알선 범죄에 연루된 소녀들도 88명에 달했다.

4대 흉악 범죄(살인·강도·방화·성폭력)의 경우 소년 범죄자가 압도적으로 많이 저질렀다. 흉악 범죄를 저지른 소년(3422명)은 소녀(243명)보다 열네 배 더 많았다. 그중에서도 성폭력이 가장 많았고, 강도, 방화, 살인이 뒤를 이었다.

형사재판에 넘겨지는 비율도 소년이 더 높았다. 소년 범죄자 중에서는 6498명이, 소녀 범죄자 중에서는 730명이 형사재판에 넘겨졌다. 나머지는 불기소되거나 소년보호사건으로 넘어갔다.

빅데이터 분석 개요

학계에서도 소년범의 성차에 주목하는 연구가 꾸준히 이뤄지고 있다. 2020년 경찰대학 치안정책연구소에서 발간한 『치안정책연구』에 실린 한 연구는 성별에 따른 청소년 비행 요인을 검증했다. 결론은 다음과 같다.

—

비행에 미치는 영향에 있어서의 성차를 검증한 결과 두 가지 흥미로운 점이 발견되었다.

첫째, 비행과 비행 요인의 관계에 있어서의 성차는 요인마다 차이를 보였다. 즉 보호자 애착, 사회적 지지, 가정에서의 학대 경험, 우울은 여자 청소년의 비행에만 영향을 미쳤고, 도덕적 신념은 남자 청소년의 비행에만 영향을 미친 반면, 분노, 친사회적 친구 관계, 비행 친구 관계, 일탈 생활양식, 낙인은 남녀 청소년 모두의 비행에 영향을 미쳤다.

(…)

이러한 결과들은 기존 범죄학 이론들이 일반화의 측면에서 남녀 청소년 모두에게 적용 가능한지에 대한 연구가 더 많이 수행되어야 할 필요성이 있음을 보여줄 뿐만 아니라 청소년 비행에 대한 보다 폭넓은 이해와 예방을 위해서는 성 인지적인 측면을 고려해야 함을 시사한다.

조영오, 「청소년 범죄자의 비행 요인에 있어서의 성별 간 차이」, 『치안정책연구』 제34권 제1호, 2020, 5쪽.

—

이윤호 동국대 경찰행정학과 교수도 "가정의 역할 부재, 즉 '브로큰 홈'으로 인한 영향은 소년보다 소녀에게서 더 크게 나타난다"라며 "성별에 따른 차이를 이해하고, 이에 따른 대책을 마련해야 비행도 예방할 수 있다"라고 했다.

| 소년범 주요 키워드 |

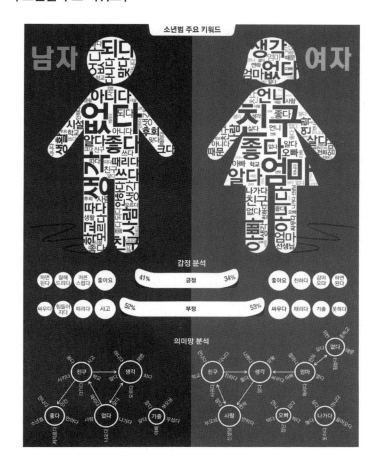

의미망 분석

인터뷰에서 뽑아낸 핵심 단어들의 관계와 맥락을 그린 '의미망 분석' 지도. 핵심 단어 및 연관어가 각각 군집을 이루고 군집 간 화살표는 선후 관계를 뜻한다. 소년의 말은 '생각 없이 → 친구들과 놀다가 → 비행을 저지르다'로 귀결되고, 소녀의 말은 '친구'로 귀결된다.

감정 분석

단어에 담긴 소년범의 감정을 분석한 결과 상위권에 꼽힌 긍정어와 부정어. 소년들은 '사고'를 가장 부정적으로 느꼈고 소녀들은 '싸우다'를 가장 부정적으로 느꼈다.

우리는 2020년 5월부터 10월까지 보호처분 경험이 있는 열다섯 명의 소년과 열두 명의 소녀를 대상으로 개별 인터뷰와 집단 심층 인터뷰(FGI, Focus Group Interview)를 진행하고, 이 과정에서 수집된 단어 총 5만 4956개를 빅데이터 분석 기업 아르스 프락시아의 도움을 받아 각각 분석했다. 단어의 언급 빈도를 살피고, 관계와 맥락을 파악해 핵심 키워드를 찾아내는 '의미망 분석' 작업이다. 그중에서 표면적으로 드러난 주요 화제인 '겉의미' 단어와 내면의 관심사와 가치관을 반영한 '속의미' 단어를 추출했다. 단순히 소리 내어 말한 언어의 발화량뿐 아니라 해당 단어가 화자에게 갖는 영향력과 화자가 느끼는 감정에 대한 분석도 함께 진행했다.

이렇게 드러난 소년과 소녀의 생각은 같은 듯 달랐다. 소년의 언어에서는 고민을 터놓을 수 있는 믿을 만한 어른이 없는 사회에 대한 불만이 엿보였다. 소녀의 언어에서는 엄마와 친구처럼 기댈 수 있는 존재가 없다는 데 대한 불안과 외로움이 묻어났다.

소년의 말

'없다' '어른' '폭력'

—

"중학교에 가면서 길이 확 바뀌었어요. 워낙 사고를 많이 쳐서 학교에서도 포기한 애가 돼버렸거든요. 비행 청소년이라고……. 잘못돼간다는 건 아는데 별생각이 없어요. 그냥 아무 생각이 없어요."

—

6호 시설에서 만난 열다섯 살 현수의 죄명은 '특수절도'였다. 무엇을 훔쳤느냐고 묻자 그간의 범죄 사실이 줄줄이 튀어나왔다. 현수는 친구들과 어울리며 편의점과 마트에서 물건을 훔치고, 문이 잠겨 있지 않은 차를 몰고, 차 안에 있는 돈까지 챙겼다고 했다. 돈이 더 필요해 금은방에서 귀금속을 훔치고, 다른 무리와 시비 끝에 집단 폭행으로 일이 커졌다. 현수와 친구들은 소년원과 소년교도소로 뿔뿔이 흩어졌다.

현수는 "그냥 재밌으니까" 범죄를 저질렀다고 했다. 범행 동기를, 피해자에 대한 마음을, 시설에서 퇴소한 후의 삶을 물어도 "별생각이 없다"라고만 말했다. 경찰서를 들락거리는 동안 아빠에게 혼나고 선생님께 훈계를 듣곤 했지만, 현수 곁에 남은 건 비행을 함께 저지른 친구들뿐이었다. 이혼하고 먹고살기 바빴던 부모님은 현수에게 큰 관심을 주지 못했다. 집에 홀로 남는 게 싫었던 현수는 자꾸 집을 나가고 친구들과 밤늦게까지 어울리며 범죄를 반복했다.

'없다'는 우리가 만난 소년의 말에서 뽑은 핵심 키워드다. '학교' '친구' '생각' 등이 그 뒤를 이었다. 학교와 친구는 소년에게 그리 긍정적인 영향을 미치고 있지 않았다. 누구도 '좋은 사람'이 어떤 사람인지 알려주지 않았다. 이런 환경에서 소년은 범죄를 가볍게 생각하기 일쑤였다.

소년에게 어른이라는 존재는 부정적으로 인식됐다. 주제별로 단어를 나누면 '부모'와 '학교'는 '범죄'와 같은 그룹에 묶였다. 아이들에게 '부모'는 가출하게 내모는 싫은 존재, '선생님'은 무서운 존재였다. 엇나가는 아이를 붙잡거나 다독이는 어른이, 마음을 터놓고 얘기할 만한 어른이 부재한 현실을 보여준다.

부모와 학교의 외면은 소년이 범죄의 굴레를 쉽게 벗어나지 못하는 요인 중 하나였다. 학교장이 가정법원에 직접 사건을 접수하는 제도인 '학교장 통고제'로 두 번째 보호처분을 받은 중학교 3학년 세훈에게도 그랬다.

—

"사기, 상해, 공갈 협박 등으로 보호관찰 처분이 나왔어요. 사람 때리고, 돈 뺏고,

택시 요금 안 내고 도망친 거 다 모아서 재판을 받았거든요. 그리고 1년 정도는 진짜 사고 안 치고 살았어요. 학교에서 선생님들이랑 좀 싸우기는 했지만요. 그러던 어느 날이었어요. 선생님이 '말을 안 들으면 보호관찰 중이라는 사실을 다른 애들한테 말하겠다' 하고 협박하더라고요. 애들 다 있는 데서……. 그 말을 듣고 눈이 돌았죠. 화가 나서 달려들었다가 다시 시설로 보내졌어요."

—

세훈은 학교와 어른들을 원망했다.

—

"한번 문제아로 찍히면 끝이에요. 불합리해요."

—

세훈은 과거의 행동을 후회한다고 했다. 하지만 다른 애들처럼 다시 범죄를 저지른 것도 아닌데 또 시설에 오게 돼 억울한 마음이 크다고 했다. 반년 동안의 시설 생활을 마치고 학교로 돌아간다면 세훈은 그곳에 마음을 붙일 수 있을까. 다시 학교 밖을 전전한다면 그 책임은 누구에게 있을까.

김도훈 아르스 프락시아 대표는 "소년범은 대부분 부모와 정서적 관계가 단절됐다. 이로 인해 보호자와 현재나 미래에 대한 고민을 나눌 기회가 없었고, 학교 역시 이런 기회를 제공하지 못했다"라고 현실을 짚었다. 바꿔 말하면 소년범 문제의 실마리가 어른에게 있음을 보여준다. 소년들은 보호처분 경험 그 자체보다 시설에서 만난 '좋은' 어른의 존재에서 변화의 계기를 찾았다. "나를 문제아로 취급하지 않는다" "나를 이해해준다" "앞으로 잘할 수 있다고 말해준다" 등 긍정적인 영향을 주는 어른을 통해 기성세대와 우리 사회에 대한 불신을 조금이나마 해소하고 있었다.

소년의 세계

고등학생 때 나는 야간 자율 학습이 싫어서 학원에 갔다. 학원 수업을 듣는 날에는 그나마 '합법적'으로 야자를 빠질 수 있었기 때문이다. 특히 야자를 하기 싫었던 날이 있는데, 바로 6월과 9월 수능 모의고사 날이었다. 하루 종일 시험을 치고 다시 책상에 앉아 공부하는 것도 싫었거니와, 가채점을 마친 아이들의 착 가라앉은 분위기가 싫었다. 내 성적, 얘 성적, 쟤 성적을 흘끔대면서 괜히 초조하고 불안해졌다. 고등학교 땐 성적에 목매느라 스트레스가 컸던 탓에 졸업 후에는 학교를 거의 찾지 않았다.

그러다 교생 신분으로 모교를 다시 찾았다. 그곳에서 오랜만에 모의고사를 치르고 난 뒤의 푹 꺼진 교실 분위기를 느꼈다. "선생님 저 시험 완전 망했어요. 대학 못 가면 어떡해요"라면서 우는 아이도 있었다. 벌써부터 대입 내신을 걱정하면서 인생이 끝난 듯한 표정을 짓는 아이들에게 "나는 1학년 1학기 중간고사 성적이 어땠는지 기억도 안 난다, 시험 못 봤다고 인생 안 망한다" 하고 위로의 말을 건넸지만 영 못 믿겠다는 눈치였다. 학교는 달라진 게 없었다.

한국 교육의 문제점 중 하나는 과잉 서열화다. 평가를 통해 인재를 선별하는 건 교육의 기능에 해당하지만 우리는 성적이 전부인 것처럼 매 순간 줄을 세운다. 경쟁은 치열하고 또 너무 빈번해서 한 번 넘어지면 다시 일어서기가 쉽지 않다. 공부 못하는 애들은 학교가 재미없을 수밖에 없다. 아이들은 선생님이 누구를 예뻐하는지 귀신같이 안다. 성적으로 우위가 나뉘는 사회에서 관심 밖에 밀려난 아이들이 어떻게 수업과 학교에 재미를 느낄 수 있을까.

그래서 애들은 자기들만의 규칙을 만든다. 학교가 아이들을 '성적'으로 평가한다면 아이들은 힘과 돈, 인기를 기준으로 들고 나온다.

소년들에게는 특히 힘과 돈이 우선시된다. 전통적인 가부장적 남성상이라고 할 수 있다. 소년들 사이에서 '게이'(남성 동성애자)는 가장 모욕적인 욕 중 하나다. 가부장 사회에서 선망되는 남성성이 부족한 남성, 남자답지 않은 남자는 그들 사회에서도 용납되지 않기 때문이다. 소년들은 남성성을 증명하기 위해 힘을 과시하고, 돈을 갈구하며, 여성을 대상화한다.

소년들의 범죄 유형을 보면 소녀들과 다르게 재산 범죄가 압도적으로 많다. 돈만 벌 수 있다면 절도도 서슴지 않는 것이다. 불법 토토나 사채 놀이도 기승을 부린다. 쉽게 큰돈을 벌 수 있다는 유혹은 달콤하다. 한탕주의에 빠진 소년들은 "어차피 다른 수단으로는 삶이 나아질 것이라는 희망이 없으니" 혹시 모를 가능성에 인생을 건다. 이러한 아이들의 얼굴은 빚을 내 주식과 가상화폐에 뛰어드는 어른들을 닮아 있다.

불법 토토도 청소년들 사이에서 흔했다. 한 방에 큰돈을 벌 수 있다는 짜릿함에 소년들은 매료됐다. 도박의 판은 상상을 뛰어넘었다. 수천만 원을 도박에 쓰는 소년들도 있었고, 도박 밑천을 마련하기 위해 범죄를 저지르는 아이들도 있었다.

소녀 A와의 인터뷰

"제 전 남친이 중3인데 토토로 한 100만 원 정도 벌었어요. 그럼 대출을 돌리는데 이자가 붙으니까 돈이 막 불거든요. 그중에 돈 안 갚는 애가 있으면 페북에 '얘 아냐?'라고 올려요. 신상 털려고. 그럼 다른 애들이 댓글에 집 주소를 달아줘요. 그리고 찾아가서 때리는 거죠."

"토토로 번 돈을 빌려준다고요?"

"네. 페북에다가 '돈 빌릴 사람?' 이렇게 올리고 3일 후에 이자를 50퍼센트 붙여서 갚으라고 해요."

"토토 하는 애들은 보기에 어땠어요?"

"한심해요. 스포츠 많이 하고요. 바카라, 홀짝도 많이 해요."

"자기 돈을 거는 거죠?"

"네. 남자애들은 거의 다 토토 할걸요? 제 남자 친구도 엄마한테 돈 받아서 도박하고 그래요. 현 남친이요. 한창 돈 많고 그러면 토토를 하고 싶은 마음이 생기나 봐요. 50만 원이 있으면 그중 30만 원을 거기에 써요."

"그럼 실제로 많이 따요?"

"네. 만약에 5000원을 걸면 9000원이 나오고 두 배씩 뛴대요."

"잃을 수도 있잖아요."

"잃으면 어쩔 수 없죠. 픽(배팅 내역)을 보는 게 있는데 토토 잘하는 사람이 찍어주는 대로 할 때도 있고, 운 때문에 벌기도 하고. (정보 공유하는) 라이브 채팅 같은 게 있어요."

소년 B와의 인터뷰

"저는 시설 들어오게 된 게 절도 때문인데요. 토토를 하고 싶어서 절도를 했어요. 한 열댓 번쯤 그냥 혼자서 훔쳤어요. 도박하려면 돈이 필요하니까 가게에서 돈을 훔쳤고요."

"토토에 돈을 얼마나 썼어요?"

"한창 할 때 다 합쳐서 한 1500만 원? 처음에는 좀 벌기도 했는데요, 결국에는 다 안 돌아와요. 너무 많이 잃어서 그냥 그만하게 됐어요."

소년의 속마음

우리가 엿본 소년들의 속마음에는 흥미로운 대목이 있었다. 힘의 논리로 서열을 다투는 세계, 그 속에서 폭력이 일상화된 소년들. 그러나 과연 소년들은 싸움을 즐길까? 종종 SNS에 올라와 사회적 논란으로 비화하는 집단 폭행 동영상 속 소년들은 거리낌 없이 한 아이를 짓밟고 그게 무슨 문제냐는 양 저들끼리 웃고 떠든다. 우리가 만난 아이들 일부도 그런 집단 폭행 현장에서 가해자 혹은 방조자 역할을 했다. 그래서 그들이 싸움을 즐긴다고 생각했다.

그러나 분석 결과는 달랐다. 소년들은 폭력에 부정적으로 반응하는 것으로 나타났다. 감정 분석 결과, 소년들이 부정적으로 인식하는 단어 최상위권에 '때리다'나 '싸우다' 같은 폭력 관련 어휘가 있었다. 폭력은 소년들과 뗄 수 없었지만, 영원히 그 힘의 세계를 지배하는 아이는 없었다. 소년들에게 폭력은 자신의 존재감을 과시하는 수단인 동시에 '내가 피해를 당할 수도 있다'는 두려움의 대상이기도 했다. 친구들과 웃으며 약한 아이를 괴롭히면서도, 마음 한 구석에는 언젠가 나도 이렇게 당할지 모른다는 공포를 늘 안고 있었다.

열아홉 살 선형은 동네에서 '잘나가는' 형들이 '아끼는' 후배들을 불러 토너먼트식으로 싸움을 시킨 일을 떠올렸다. 규칙은 간단했다. 먼저 피를 흘리거나 못 싸우겠다고 얘기하면 지는 거였다.

—

"학교나 동네별로 주먹질을 시켜요. 처음에는 저 애도 내가 아는 친구인데, 이유도 없이 왜 때려야 하나 싶었어요. 그런데 내가 때리지 않으면 형들한테 맞겠구나, 여기서 지면 쪽팔리겠구나 싶더라고요. 그게 무서워서 싸울 수밖에 없었어요."

—

선형은 불합리한 폭력에 노출된 소년들이 선배가 되어 제 후배들에게 똑같이 부당한 싸움을 시키는 일이 반복되고 있다고 했다. 다른 아이들도 나고 자란 보육원이나 쉼터, 비행 청소년 무리에서 형들에게 맞는 일이 흔했다고 털어놨다.

소년원이나 보호처분 시설에서도 힘에 의한 위계질서는 뚜렷했다. 10호 처분(소년원 2년)을 받고 출원한 열아홉 살 수한은 "소년원에서 오래 살거나 힘이 센 형들이 서열이 높으니까 형들 말에 따라야 했다"고 회상했다. 싸움은 빈번했고 서열이 높은 형들의 심기를 거스르면 일방적으로 폭행당하는 일도 잦았다. 심지어 형들이 시키는 대로 옷 지퍼나 칼라를 세우는 방식까지 통일하는 문화가 있었다고 했다. 같은 지역 '노는 애들'끼리는 한두 다리 건너면 다 연결돼 있기에 소년원 안에서도 밖에서의 권력관계가 고스란히 작동된다는 것이다.

소녀의 말

'친구' '관계'

한때 나에게 3은 불안정한 숫자였다. 절친한 십 대 세 명의 관계는 위태롭다. 학교에서 짝은 왜 꼭 두 명이며, 수련회를 가는 버스 좌석은 왜 꼭 두 석이 한 세트인지. 셋 중 한 명은 소외되는 상황이 벌어지고 만다. 지금이라면 "여유 있게 가고 싶으니까 내 옆에 앉지 말라"고 하겠지만 그땐 둘씩 붙은 자리에 혼자 앉아 있는 게 왜 그리 민망하던지. 지금 생각해보면 그때 우리는 서로를 열렬하게 사랑했고 그 사랑을 적극적으로 표현했던 것 같다. 내 방 침대 밑 '추억상자'에는 돌돌 말아 고무줄로 묶어둔 종이들이 여러 장 있다. 중고등학교 때 단짝 친구들로부터 받은 '4절지 편지'다.

'베프'인 줄 알았던 친구가 다른 친구와 더 가까워지는 것 같아 불안하고 초조했던 적이 다들 한 번쯤은 있을 것이다. 일고여덟 명씩 무리 지어 다녀도 그중 가장 친한 베프가 있기 마련인데, 무리가 홀수면 비극이 시작됐다. 어느 날 갑자기 한 명이 다른 두 명을 부르면서 서운하다고 펑펑 눈물을 쏟았다. 드라마 「반올림」의 '세 친

161

구'라는 에피소드에는 옥림이 "내 소울메이트는 정민"이라고 말하는 장면이 나온다. 그 말을 들은 옥림의 단짝 윤정은 옥림에게 "난 너희 사이에 낀 깍두기냐?"라고 외치며 뛰쳐나간다. 이어 옥림의 독백이 흘러나온다. "정민인 소울메이트지만, 윤정이 넌 평생 친구라구." 십 대 소녀들의 미묘한 세계를 그대로 담아낸 장면이라고 생각한다.

소녀들의 세계에서는 무엇보다도 '관계'가 중요했다. 소녀들과의 인터뷰에서는 소년보다 관계 지향적인 면모가 두드러졌다. 감정 분석 결과에서도 이 경향성이 드러났다. 소녀들이 가장 부정적으로 느끼는 단어는 '싸우다'였고, 긍정적으로 느끼는 단어는 '친하다'였다. 소년들에게 최상위 부정어가 '때리다'인 것과 대비된다.

관계를 중시하는 경향성은 '사랑받고 싶은 마음'에서 비롯한 게 아닐까. 그러나 모든 소녀가 성공적으로 타인과 관계를 맺는 건 아니다.

영화 「꿈의 제인」 속 가출 소녀 소현은 "어떻게 해야 사람들과 같이 있을 수 있는지 모르겠다"라고 말한다. 어디서도 환영받지 못하고 가출팸을 전전하는 소현은 사랑을 갈구하지만, 사랑을 베풀 줄 몰라 받지도 못한다. 초콜릿을 나눠줄 따뜻한 공동체를 원하면서도, 정작 초콜릿이 생기면 남들 몰래 입에 욱여넣는 소녀는 어디서 사랑받을 수 있을까. 사랑받기를 포기하면 조금 더 행복해질 수 있을까.

우리가 만난 소녀들 중 상당수는 친밀한 관계를 원하면서도 방법을 몰라 친구들과 원만한 관계를 맺는 데 어려움을 느끼고 있었다. 이렇게 뒤틀린 관계가 비행의 시발점이 되기도 했다. 소녀 범죄자 중에는 학교폭력 피해를 계기로 학교에 나가지 않고 가출을 일삼다가 범죄의 세계로 들어선 경우가 적지 않았다.

열일곱 살 지민은 중학생 때 같이 놀던 학교 친구들과 싸우고 혼자가 됐다. 지민을 괴롭히던 친구들은 소년재판에 넘겨져 가장 약한 보호처분을 받았다. 친구들과 계속 마주치는 것이 싫어서 지민은 학교를 떠났다. 학교 밖에서 가출팸 무리와 어울리며 조건 만남을 하다가 열다섯에 처음 보호시설에 갔다. 2년이 지난 지금 소녀가 마음을 연 친구는 소년원에 수차례 들락거리는 언니들이다. 지민은 여전히 학교에 돌아가고 싶지 않다고 했다.

눈에 띄는 건 소녀들에게는 이성보다 동성이 중요하다는 것이다. 가정 안에서는 아빠보다 엄마와의 관계에 영향을 받았고, 학교에선 애인이나 남자 선후배가 아닌 동성 친구와의 관계에 더 큰 비중을 뒀다. 특히 엄마에 대한 트라우마와 그로 인한 도피처로서의 친구 관계가 두드러졌다. 친구에게 기대는 건 엄마에게 받지 못한 애정과 친밀감을 채우고 싶어 하기 때문이었다. 학교 선생님은 이미 관계가 틀어진 부모님과 마찬가지로 연락(소통)하지 않는 사람이었고, 이성 친구는 피상적인 관계에 그쳤다. 남자 친구 혹은 남자 선배를 지칭하는 '오빠'란 단어에는 친밀감 외에 '무섭다'는 감정도 섞여 있었다. 소녀들이 진정으로 마음을 나눌 수 있는 건 또래 소녀뿐이었다.

이러한 심리 때문에 소녀들은 친밀감에서 비롯된 범죄의 유혹에 속수무책으로 무너진다. 인터뷰에서 "친구의 부탁을 거절하지 못해 비행을 저질렀다"라고 털어놓은 소녀들이 여럿 있었다. 특수 폭행 혐의로 소년 보호시설에 온 열여덟 살 서율은 "내 뒷담화를 하고 다닌 애한테 따지고 싶다. 대신 싸워달라"라는 친구의 부탁을 거절하지 못했다.

—

"친구 부탁은 어지간하면 다 들어줘요. 거절하면 친구들이 기분 나빠 하잖아요. 그러다 멀어지기라도 하면 진짜 혼자가 된 기분이 들 것 같아요."

—

비행 청소년 무리에서 소녀들은 부탁을 거절하지 못하고 조건 만남 혹은 조건 사기에 가담했다. 자신보다 어리고 약한 '희생양'을 찾아서 대신 성매매를 하도록 내몰기도 했다. 가출팸에 합류한 지민에게 언니, 오빠들은 "모텔비도 구하고 밥도 먹으려면 너도 돈을 벌어 와야 하지 않겠느냐"라며 조건 만남을 강요했다. 또 다른 소녀는 "같은 무리에서 약하고 쓸모없는 애들을 조건으로 돌린다"라고 했다.

"나를 건드리는 건 참아도 내 친구들을 건드리는 건 못 참는다"라고 말하는 소녀들도 있었다. 보육원에서 자란 열여섯 살 가현은 "내가 가출해서 며칠 동안 연락이 안 돼도 시설 선생님들이나 학교 선생님들은 아무 관심도 없다"라며 "나를 걱정해주는 건 친구들뿐"이라고 했다. 그래서 친구들의 일에 더 나섰고, 때로는 친구를 위해 돈을 훔치고 집단 폭행에 가담하기까지 했다. 어른들의 관심 밖으로 밀려난 소녀들의 생존 방식이었다.

그러면서도 소녀들은 공통적으로 사람을 사귀고 대하기가 어렵다고 토로했다. 소년원이나 시설을 나와 학교로 돌아갔을 때 마주할 친구나 가족 관계에 대한 걱정이 컸다. 그 배경에는 가정에서부터 관계 맺기에 실패한 경험이 있었다.

소녀들은 소년처럼 '제대로 된 어른이 없다'라고 단정적인 진술을 하진 않았지만 어른을 '있더라도 제 역할을 못 하는 존재'로 인식했다. 주제별로 단어를 분석한 결과 '엄마'는 '없다' '아니다' '때리다' 등 부정적인 단어와 짝을 이뤘다. 소녀들은 "엄마가 나한테 진짜 관심이 없었다" "엄마가 나를 버려두고 밖으로 나돌았다" 하고 말했다.

열여섯 살 다솔에게 엄마는 애증의 존재였다. 다솔은 엄마의 외도와 재혼으로 삶이 완전히 달라졌다고 했다. 낯선 도시로의 이사, 열악해진 경제적 여건, 새로운 학교와 친구들은 십 대 소녀가 감당하기 버거웠다. 다솔은 힘들어진 자신의 상황을 모두 엄마 탓으로 돌렸고, 엄마가 하지 말라는 일을 골라서 했다. 엄마와 새아빠 얼굴을 보기 싫어서 집 밖을 떠돌며 가출팸 친구들과 밤늦게까지 술을 마시고, 때로는 물건을 훔치고 사기도 쳤다. 다솔은 "엄마만 아니었으면 행복했을 텐데, 하는 마음이 떠나질 않았다"며 "지금 생각하면 정말 엉망으로 살았다. 그냥 놀고 싶었던 것 같다"라고 고백했다.

한국 사회에서 모성애가 얼마나 신화화되었는지 엿볼 수 있는 대목이다. '완벽한 엄마'라는 사회적 규범에서 벗어난 엄마의 모습에 아이들은 실망하고 상처받았다. 자녀 양육에 있어 엄마의 역할을 당연시하는 사회에서 그러한 기대가 충족되지 못했을 때 상대적 박탈감을 더 크게 느끼는 것이다.

이 기억은 소녀들의 삶에서 일종의 트라우마로 작용하고 있는 것으로 보였다. 동시에 소녀들은 엄마와의 완전한 단절 대신 관계 회복을 소망하는 경향을 보였다. 아이들의 마음속엔 "연락이 잘되지 않는 엄마가 밉지만 건강하고 행복했으면 좋겠다"라는 애증과 "엄마가 나한테 편지를 써줬으면 좋겠다"라는 소망이 공존하고 있었다.

아이들의 울타리

소년과 소녀들이 어떻게 범죄의 세계에 빠져들고, 그중에서도 어떤 소년과 소녀들이 굴레를 끊지 못하고 재범을 반복할까. 이 답을 알아야 비행 청소년의 비행이 경범죄로, 더 나아가 중범죄로 발전하는 것을 막을 수 있다. 소년범이 성인범이 되는 것을 막을 수 있다.

불우한 환경에서 자라는 모든 아이가 범죄를 저지르는 건 당연히 아니다. 범죄의 책임을 모두 환경 탓으로 돌리자는 얘기를 하고 싶은 것도 아니다. 하지만 환경의 영향은 분명히 있다. 특히 자신을 보호해줄 어른, 잡아줄 어른, 다시 한번 기회를 주고 따뜻하게 지켜봐줄 어른 없이 홀로 남겨진 아이들은 재범의 고리를 끊지 못할 위험이 더 크다.

아이들을 만나면서 나는 잊고 살았던 어릴 적 기억을 끄집어냈다. 도둑질을 했던 선희와 나에 대한 기억이다.

열 살 소녀 선희는 내가 유년기를 보낸 동네를 떠올릴 때면 생각나는 얼굴 중 하나다. 한 해 동안 같은 반이었을 뿐 별로 친하지도 않았는데, 유독 그 애는 얼굴 생김새, 목소리, 표정, 옷차림까지 생생하게 기억난다.

초등학교를 기준으로 앞으로 쭉 가면 아파트촌이, 뒤로 쭉 가면 판자촌이 있었다. 처음 선희를 봤을 때 나는 그 애가 판자촌에 사는 아이인 줄 알았다. 그곳은 1960년대 도시 개발로 쫓겨난 철거민들이 정착한 동네로 1990년대 말 들어선 아파트촌보다 역사가 깊었다.

선희를 그곳 아이라고 지레짐작한 이유는 '붉은 악마' 티셔츠 때문이다. 2002년 한일 월드컵의 열기가 식은 지 오래인데도 그 애는 일주일에 두세 번은 그 티셔츠를 입고 학교에 왔다. 하지만 알고 보니 선희는 큰아빠네 아파트에 얹혀 살았다. 부모님의 이혼으로 오갈 데 없어진 아이를 큰아빠가 얼결에 떠맡은 것이었다. 선희는 아이들과 잘 어울리지 못했다. 그 애는 수시로 욕을 했고 언제나 뚱한 표정을 짓고 있었다. 우리 동네에서 부모들이 말하는 "쟤랑 놀지 마"의 '쟤'를 담당하던 게 선희였다. 나는 학교가 파한 뒤에 홀로 공원을 전전하는 그 애를 몇 번 보았지만 먼저 다가가지는 않았다.

그러던 어느 날이었다. 담임선생님이 다짜고짜 선희를 부르더니 큰 소리로 화를 냈다. 그러고는 그 애를 때렸다. 그때만 해도 체벌이 남아 있던 시절이라 선생님은 종종 두꺼운 매를 들고 다니며 잘못한 아이들을 체벌했다. 하지만 그날은 유독 심했다. 손바닥을 내민 선희는 몇 번 매질을 당하다 휘청거리며 바닥에 쓰러졌다. 선생님은 그 애를 계속해서 일으켜 세우곤 매질을 이어갔다. 선희가 도둑질을 했다는 이유에서였다. 그 애가 사촌 오빠의 돼지 저금통을 털었다고 큰엄마가 담임에게 연락해 사달이 난 것이었다.

사실 나는 그 무렵 도둑질을 해본 경험이 있다. 처음에는 엄마의 지갑에 있는 1000원짜리 지폐를 빼돌렸고, 나중에는 집 앞 상가에서 과자를 훔쳤다. 내 도둑질은 두 번 적발됐다. 처음은 상가 1층 슈퍼에서였다. 슈퍼 아줌마는 과자를 들고 도망가는 나를 쫓아왔다. 내가 다섯 살에 그 동네로 이사했을 때부터 슈퍼를 운영해온 터줏대감이었고, 우리 부모님과도 잘 알았다. 아줌마는 엄한 표정을 지으면서 이번만 봐줄 테니 다시는 물건을 훔치지 말라고 했다.

하지만 그다음에 나는 지하 마트에서 또 도둑질을 했다. "거기 학생, 이리 와봐." 얼마 되지 않아 마트 아저씨한테 딱 걸리고 말았다. 아저씨는 내가 메고 있던 검은 가방을 뺏어 갔다. 가방에서는 쭈쭈바 아이스크림과 과자 두 봉지가 나왔다. 이번에는 부모님이 호출됐다.

엄마 아빠는 그 일을 '흑역사'로 생각한다. 장난으로라도 당시 일을 입에 올리지 않는다. 나는 그날 밤 돌아온 아빠에게 호되게 매를 맞았다. 아픔보다 부끄러움과 두려움이 더 컸다. 무척 속상한 표정을 짓는 부모님의 얼굴을 보자 큰 잘못을 저질렀다는 게 실감이 났다. 그 후로는 도둑질을 하지 않았다.

만약에 나의 도둑질도 학교 친구들 모두에게 알려졌다면 내 친구들도 부모님에게 "쟤랑 놀지 마"라는 말을 들었을까? 선희는 어떻게 됐을까? 그 애도 언젠가 "그건 실수"였다고 감싸줄 어른을 만났을까? 아니면 그런 어른 없이도 그 아이는 무사히 어른이 되었을까?

6
십대의 약육강식

소녀의 세계

가끔 떠올리기만 해도 얼굴이 확 달아오를 정도로 부끄러운 과거의 기억들이 있다. 남에게 딱히 큰 피해를 주지 않고 살아왔다고 자부하지만, 기억의 조각을 끄집어냈다가 어디다 내보이기 어려워 도로 묻고 마는.

중학교를 같이 다닌 A를 생각하면 그렇다. 당시 그 나이대의 여자애들 사이에서 제일 큰 뉴스는 누가 누구랑 사귄다, 또는 누가 누구랑 뭘 했다더라, 같은 것이었다. 우리는 남녀가 손만 잡아도 호들갑을 떨어댔다. 그런 아이들 틈에서 남자애랑 친한, 더 나아가 '그거'까지 해봤다는 여자애들은 입방아에 오르기 딱 좋았다.

3년 내내 다른 반이었던 A는 나와 친하지 않았지만 인사는 하는 사이였다. 새까만 단발머리였던 그 애는 중학교 때만 해도 공부도 꽤 하고 성실한 편이었다. 선생님한테 혼나는 일도 없었고 학급 반장을 맡아 학생회에서 이런저런 얘기도 나눈 적이 있었다. 그 애의 소식을 다시 들은 건 중학교를 졸업하고 얼마 지나지 않아서다.

"A가 어떤 오빠랑 잤는데 임신을 했다더라, 그게 알려져서 애를 지우고 자퇴했다더라."

이 황당한 얘기를 듣고 나서, 이상하게도 어린 나는 '배신감'을 느꼈다.

뒤에서 '그런 짓'을 하고 다녀? 너는 나와 달리 나쁜 애였구나.

그리고 그 못된 마음은 바로 '왠지 그럴 것 같더라'라는, 잘못된 소문을 만들어내는 방향으로 흘렀다. 아이들은 "원래 그런 애였어" "내가 직접 들었는데……" 하는 근거 없는 말을 하나둘씩 보탰다.

거기에 옳고 그름에 대한 판단은 없었다. 정작 그 소문이 진짜인지, 그 애에게 정말 무슨 일이 있었는지는 알려고 하지도 않은 채.

돌아보면 그때 우리는 성에 대해 뭔가 안다는 듯이 얘기하고 싶었던 것 같다. 잘 모르지만 어쨌든 그게 나쁜 일이라고 깎아내리면서 그 애와 나머지 '정상적인' 아이들, 즉 우리를 구분하려 했던 것 같다. '혼전 순결'이 당연한 가치로 받아들여지던 때였다. 성적은 좀 떨어져도 남자애들이랑 모여서 놀지 않는 애가 괜찮은 애였고, 수업 시간에 종일 자도 남자 친구가 없으면 착하고 순한 애였다.

그래서일까. 소년범 인터뷰를 하는 내내 남자애들보다는 여자애들의 이야기에 훨씬 더 빠져들었다. 여자애들에게서 과거의 나와 A의 모습이 겹쳐 보였다.

일진 아이들, 노는 아이들, 성매매를 하고 범죄를 저지르는 아이들은 처음부터 특이한 성향을 타고날 거라 생각한다. 극소수의 아이들만이 그런 길을 걷게 될 거라 생각한다. 그러나 인터뷰를 위해 우리 앞에 앉은 아이들은 지극히 평범한 아이였다.

일부는 학교도 제대로 안 나가고 말썽만 일으키는 문제아로 손꼽혔다고 했지만, 또 다른 일부는 본인의 의지와 다르게 여러 일에 휘말리며 인생이 뒤바뀌기도 했다.

시설에서 만난 혜진도 그랬다.

그의 조용한 세상이 무너져 내린 건 한순간이었다. 열네 살 때 처음 사귄 남자 친구와 성관계를 했고 그 혼란스러운 경험을 친구들에게 털어놓은 게 화근이었다. 남자 친구가 좋아서 하긴 했는데 이게 옳은 일인지 헷갈렸고 앞으로 뭘 어떻게 해야 하는지 알 수 없었다. 오랜 고민 끝에 비밀을 공유했는데, 그 뒤로 모든 것이 달라졌다.

평생 우정을 나눌 줄 알았던 친구들은 언제 그랬냐는 듯 등을 돌렸고, 혜진은 혼자가 됐다. 소문은 학교를 넘어 동네 전체에 퍼졌다. 견디다 못해 이름까지 바꿨지만 소용없었다. 친구가 세상에서 전부인 십 대 소녀에게 매 순간 자신을 씹어대는 아이들과 한 공간에 있는 건 견딜 수 없는 형벌이었다.

밖에서 만난 새로운 친구와 선배들은 훨씬 재미있었다. 혜진은 친구들을 따라 술을 마시기 시작했고, 담배도 피웠다. 술을 먹고 홧김에 아는 오빠들과 자고, 그들과 같이 조건 만남 사기도 쳤다. 온라인에서 대상을 구한 다음 혜진이 돈을 먼저 받고, 상대방의 차에 타거나 모텔에 들어가려 할 때 그들이 친오빠인 척 나타나 구해주는 식이었다. 그땐 또 다른 지옥이 펼쳐질 줄 몰랐다.

소녀의 범죄

소녀 범죄자에게서 성매매는 결코 떼어놓을 수 없는 요소다. 남자
애들의 범죄가 절도나 차 털이라면 여자애들의 범죄는 성매매나
성매매 알선, 조건 만남 사기다. 우리가 만난 여자애들 중에도 조건
만남을 경험하거나 그 직전까지 가본 경우가 많았다.

　대부분의 시설 아이들은 자기 얘기를 남 얘기하듯 했다. 상상조
차 하기 어려운 끔찍한 순간을 혼자 견뎌내고도, 그 얘기를 생판 처
음 보는 사람한테 담담하게 털어놓았다.

—

"성매매 처음 한 게…… 중학생 때요."

—

하은의 부모님은 하은이 어릴 때 이혼했다. 집에선 고성과 폭력이
오갔고, 손찌검을 견디지 못한 하은은 가정폭력 피해자 지원 쉼터
로 갔다. 친구 몇몇을 사귀니 쉼터 생활도 그럭저럭 할 만했다. 쉼터
친구들을 통해 '오빠'들도 알게 됐다. 쉼터에서 지내던 하은은 갑갑
한 규율이 싫어 친구들과 모텔을 전전했고, 아는 오빠 집에서도 지

냈다.

다정한 오빠들이 돌변한 건 한순간이었다.

—

"제 친구랑 오빠들 몇 명이 같이 지냈거든요. 어느 날 오빠들이 조건 만남 시키겠다고 어떤 여자애들을 데려온 거예요. 저한테 '여자애들이 너무 무섭다고 한다, 네가 같이 있어줘라'라고 했어요. 일은 안 해도 된다고.
어쩔 수 없이 저도 같이 차에 탔어요. 근데 오빠들이 '화장만 시키면 괜찮겠다'래요. 무서워서 아무 말도 못 했어요. 강원도에서 서울까지 세 시간 걸려 올라와서 바로 일하러 갔어요."

—

오빠들은 하은을 모텔에 가두고, 성매매 알선 앱에 나이를 스무 살이라고 속여 올렸다. 휴대전화 서너 대를 돌리며 종일 건수를 잡았다. 누가 봐도 앳된 얼굴이었지만, 상대 남자들은 하은을 어른으로 믿는 척했다. 한 시간에 15만 원, 많으면 20만 원. 콘돔을 사용하지 않으면 3만 원이 더 붙었다. 많을 땐 하루에 60만 원도 벌었지만 하은은 한 푼도 받지 못했다.

—

"너무 무서웠죠. 돈을 달라고 할 수도 없었어요. 오빠들은 돈 절반을 주겠다고 약속했지만 지키지 않았어요."

—

모텔에 갇힌 소녀가 도망칠 곳은 없었다. 하은의 몸 상태는 급속도로 나빠졌다.

—

"나중엔 진짜 심한 병에 걸렸어요. 앉지도 못할 정도로. 시설에 와서 선생님들이랑 처음으로 산부인과에 가봤는데, 성병이 여덟 가지나 나왔어요. 저 불임이 될 수도 있었대요."

—

그때 하은은 겨우 열다섯 살이었다. 이건 새로운 얘기가 아니다. 원조 교제를 비롯해 미성년자의 성을 사고파는 일은 20년, 30년 전에도 있었다. 달라진 게 있다면 손가락 하나만 까딱하면 될 정도로 만남이 쉬워졌다는 점이다. 우리가 들여다본 그들의 세계는 예상보다 훨씬 넓고, 체계적이며 견고했다.

이 과정들은 보통 네다섯 명으로 구성된 '그룹' 단위로 이뤄진다. 하은과 같은 '희생양'을 꼬드기는 자, 매수남과의 만남을 알선하는 자, 차를 빌려 운전하고 망보는 자, 만남 장소에 나가는 자, 모두가 한 팀이다.

일주일에 서너 번, 많아야 다섯 번 일할 수 있으니 대개 여자아이들 서너 명이 한차를 타고 같이 다닌다. 랜덤 채팅, 페이스북 메시지, 카카오톡, 동네 친구 만들기 사이트, 각종 만남 앱은 '선택의 폭'을 넓혔다.

여기엔 중요한 특징이 있다. 범죄의 수법이 대물림된다는 것이다. 노는 아이들 대부분은 또래끼리만 만나지 않는다. 처음엔 또래끼리, 동네 친구끼리 만나다가도 어느 순간 동네 형들, 오빠들로 범위가 넓어진다.

여기서 형이나 오빠로 불리는 사람들은 보통 성인이다. 그들과 함께 술을 마시고, 담배를 피우고, 성매매 수법을 배운다. 어린 하은을 붙잡아 강제로 성매매를 시킨 그 남자들도 이삼십 대였다. 아이들을 말려도 모자랄 어른들은 아이들의 손을 잡아끌고 범죄의 소굴로 걸어 들어갔다. "별일 없을 거야"라는 거짓된 믿음까지 심어주면서.

성은 정글 같은 소년범의 세계에서 위계를 좌우했다. 소년들은 힘과 돈으로 또래 사이의 우열을 정했고, 소녀의 성은 범죄의 미끼로 이용됐다.

고등학생 규영은 "남자애들이 꽤씸하다"라고 했다. 가출한 뒤 남자 네 명, 규영을 포함 여자 두 명이 같이 조건 만남 사기를 칠 때였다.

무서워하는 규영에게 오빠들은 "무슨 일이 있어도 빼내주겠다, 안 다치게 하겠다"라고 했다. 상대방도 성매매를 한 거니까 경찰에 신고는 못 할 거라고도 했다.

—

"여자애들은 자기를 팔아서 돈 버는데, 남자애들은 지켜주겠다고만 하면서 이용해먹는 게 싫었어요."

—

결국 소녀들에게 소년은 무섭지만 필요한 존재였다. 규영 역시 보호해주겠다는 말에 설득됐다. 이용당하는 건 싫었지만 혼자서는 못 할 거란 생각이 들었다.

—

"만남 장소에 나온 남자가 나를 가두고 때리거나, 돈 안 주고 도망가거나, 약 먹일까 봐 무서웠어요. 그때 구해줄 사람이 없잖아요."

—

몇 번 반복되면 이를 모방해 소녀가 다른 소녀를 꾀어 비슷한 범죄를 저지른다. 더 어리고, 더 세상 물정 모르고, 돈이 궁한 여자애를 찾아 등을 떠민다.

중학생 윤서는 가출하고 알게 된 언니에게 포주가 되는 법을 배웠다. 절도, 폭행으로 소년원 10호 처분까지 받은 '센 언니'였다. 윤서는 '맹해 보이는' 애들을 꾀어 성매매를 시키고 중간에서 돈을 챙겼다. 미안하다는 생각은 없었다. 당장 쓸 돈이 필요했고, 그들이 없으면 내가 당한다는 생각뿐이었다.

소년범 중 소년이 강자고 소녀가 약자라면, 소녀들의 세계에서도 성 관련 경험을 기준으로 계급이 달라졌다. 같은 시설에 있어도 소녀들은 성매매 경험이 있는 애들을 자기보다 아래라고 생각했다. 폭행·사기를 저지른 소녀들은 성매매를 한 소녀들을 하대하고 차별했다. 타의로 성범죄에 가담한 소녀들은 약육강식의 논리가 지배하는 소년범 생태계의 최약자였다.

성매매는 갈 곳 없는 아이들이 돈을 벌기 위해 선택하는 가장 손쉬운 방법이지만 역설적으로 또래 사이에서 가장 큰 비난을 받는 일이기도 했다. 아이들 사이에서 가장 심한 욕은 '창녀'다. 얼마나 오래, 많은 성매매를 했느냐에 따라 등급도 달라졌다. "폭행은 해도

'그 짓'(성매매)은 안 했다" "나는 한두 번 했으니까 '소걸레', 쟤는 더 많이 했으니까 '대걸레'" 하는 식으로 비하한다. 단체 생활을 하니 공용 물품을 쓰는데, "'조건 뛴 년'이랑 같이 목욕 용품을 쓰기 싫다" 라는 말을 아무렇지 않게 했다.

문제는 십 대의 세계에서 성관계와 성폭행, 그리고 성매매의 경계가 모호하다는 것이다. 아이들이 성매매로 빠지는 이유는 다양하다. 때로는 가출팸 친구들과의 의리 때문에 하고, 때로는 그저 돈이 필요해서 하기도 한다. 그러나 어떤 때는 성매매로 내몰린다. 가출해서 같이 지내던 오빠들에게 성폭행을 당하고, 이걸 빌미로 협박당하는 경우다. 이런 사례는 생각보다 흔했다.

절도나 폭행도 조건 만남 과정에선 흔한 일이다. 규영은 조건 만남 사기를 하다 강도상해로 붙잡히기도 했다. 오빠들이 돈을 뺏는 과정에서 매수남을 때렸는데 코뼈가 부러지고 전치 몇 주가 나올 정도로 심하게 다쳤다.

이들은 보호가 필요했다. 그러나 제대로 이끌어줄 어른과 올바른 성교육의 부재는 이들을 범죄로 몰아넣었다. 지옥 같은 그곳에 발을 들이는 건 쉬웠지만, 빠져나오는 건 불가능에 가까웠다. 소문은 너무 빨랐고, 원치 않는 영상이 발목을 잡았다. 기댈 곳은 없었다.

피해자 회복

이쯤 되면 의아해진다. 원래부터 미성년자 성매매는 불법 아닌가? 처벌해야 할 성 매수남은 따로 있지 않나? 왜 피해자인 아이들이 처벌받아야 하나?

그 답은 법에 있다. 얼마 전까지 우리 법은 이 아이들을 피해자가 아닌 범죄자로 분류했다. 2020년 4월 아동·청소년보호법 개정 전까지만 해도 하은과 같은 아이들은 모두 보호처분 대상으로 처벌받았다. 강제로 성매매를 했다는 사실을 입증하지 못하면 피해자로 인정해주지 않았다. 청소년의 성행위 자체를 죄악시하는 한국 사회에서 사람들은 대개 알선자보다 성매매 당사자인 소녀의 죄를 더 크게 여긴다는 뜻이다.

알선자나 성 매수자는 이런 법을 오히려 협박이나 회유의 도구로 쓰기도 했다. 갈 곳 없고, 돈도 없어 허덕이는 가출 소녀들의 절박한 상황을 악용해 성매매로 몰아넣는 것이다. 이런 현실 탓에 먹이사슬의 가장 밑바닥에 있는 아이들은 다시 그 길을 걸었다. 살아남기 위해서다. 직접 성매매에 뛰어들어 돈을 버는 것, 자신보다 약한 사람을 꾀거나 협박해 성매매를 알선하는 것, 상대방을 협박해 돈을 뜯거나 폭행하는 것. 일상에서 범죄로 넘어가는 경계는 너무 희미했고 당장 내일이 없는 아이들은 가장 손쉽게 돈을 벌 수 있는 방법을 기꺼이 택했다.

하은도 그랬다. 갇혀서 일한 지 6개월 만에 겨우 오빠들의 손아귀에서 벗어났지만 다음이 문제였다. 정말 갈 곳이 없었다. 분명히 피해자였는데, 학교 친구들은 물론 엄마까지 하은을 탓했다. 그 뒤로 모두와 연락을 끊고 자발적으로 조건 만남을 했다.

이제 겨우 열여덟 살인 하은은 "어른들이 우습다"라고 했다. 내내 자신의 경험을 무덤덤하게 털어놓았지만, 그 말에서 냉소를 느낄 수 있었다. 그들은 하은이 원하는 것, 엄마 아빠로부터 받지 못한 것, 친구들도 주지 못하는 것을 모두 주는 사람들이었다. 술도 담배도 원하는 만큼 사주고, 휴대전화도 사줬다. 심심하면 같이 차를 타고 드라이브도 갔다. "내가 어린 여자애라고 하면 남자들이 달려드는 게 우스웠어요. 몇 번 자주면 돈이 막 들어오니까 만만하기도 했고요. 처음엔 이용당한 거지만, 나중엔 내가 아저씨들을 이용한 거죠."

중학생 채은은 "남자를 돈으로 본다"라고 했다. 숙식만 해결할 수 있으면 괜찮다고 했다. "사귀는 사람이 있을 때도 다른 남자애들이랑 잤어요. 돈을 받으니까. 먹고 자고 입을 수 있을 정도로 주니까."

'돈줄'을 구하는 건 쉬웠다. 가만히 있어도 모르는 사람들이 온라인에서 먼저 말을 걸어왔다. "몇 살이야?" "예쁘네." 아빠뻘도, 삼촌뻘도 있었지만 '진짜 어른'은 없었다. 몇 마디 대꾸해주면 상대는 이렇게 제안해왔다.

"우리 만날래?"

십 대에게 그 유혹은 너무 강했다.

인터뷰한 아이 중 한 명은 "아저씨를 네 명이나 경찰에 신고했다"라고 말했다. 온라인에서 성매매나 조건 만남 등을 원하는 사람들이 있으면 그걸 친한 경찰한테 알리는 것이다.

—

"온라인에서 말 거는 사람이 그렇게 많아요?"

"네, 사진 보고 메시지 보내는 사람, 만나자고 하는 사람, 어디냐고 하는 사람…….. 엄청 많아요. 그래서 약속 장소랑 시간 정한 걸 경찰한테 신고해버렸어요. 이 사람 잡아가라고."

—

어른들의 제안을 받고 아이들이 먼저 경찰에 신고하는 사례는 극히 드물다. 십중팔구는 그 꼬드김에 넘어간다. 또 다른 성 착취의 피해자들은 이렇게 생겨나고 있다.

이 대목에서 많은 전문가는 청소년과 성인의 차이를 반드시 짚고 넘어가야 한다고 강조했다. 성인은 앞서 언급한 사례와 같은 제안에 대해 비교적 이성적으로 판단할 수 있지만 청소년은 결코 그렇지 않다는 것이다. 청소년은 성인에 비해 자기중심적이고, 충동적인 특성이 있다. 낯선 사람이 말을 걸어도 의심하기보다는 단순한 관심이나 애정으로 받아들이기 쉽다.

잘못된 인식

아이들은 정말 영악할까? 적어도 우리가 만난 아이들은 영악함과는 거리가 멀어 보였다. 대부분 눈앞의 것만 보느라 자기 행동의 결과를 제대로 계산해보지 못한 미숙한 아이들에 더 가까웠다.

중학생인 예준은 제 또래에 대해 "요즘 세대는 '가오'가 너무 세다"라고 말했다. 남들에게 보이는 자기 모습에 지나치게 신경을 쓴다는 뜻이다. 옳고 그름을 판단하는 것보다도 남들에게 '멋지게' 혹은 '잘나가게' 보이는 걸 더 중요시하는 게 십 대의 문화라는 뜻으로 읽혔다.

—

"명품 옷 입고, 좋은 거 먹고 이런 거 좋아하는 애들 많잖아요. 근데 또 자기 돈이나 부모님 돈은 안 써요. 차 털고 가게 털고 이러는 거예요."

"그게 잘못됐다는 걸 알면서도 한다는 거죠?"

"네. 애들이 영악해서 소년법을 악용해 범죄를 저지른다고 하잖아요? 근데 아니에요. 그거는 우선순위로 따지면 한 다섯 번째? 첫 번째가 가오 잡는 거예요. 그 다음이 희열. 애들이 범죄 저지르는 것도 다 자기가 못 나가서, 잘 보이고 싶어서 그러는 거예요. 주위에서 '야 너 잘한다, 더 해봐' 이런 말을 들으면 또 하고. 제가 그랬어요."

—

이런 현상에 대해 원혜욱 인하대 법학전문대학원 교수는 "한국도 다른 나라와 마찬가지로 청소년 시기에 똑같은 사춘기적 특성이 있는데, 우리나라의 특징은 분노를 배출할 곳이 훨씬 적다는 점"이라고 지적했다.

—

"유럽과 한국 범죄를 비교하면 절대적인 수는 유럽이 많아요. 그런데 유럽 국가에서의 소년범죄는 주로 상점 절도, 자전거 절도 등 경범죄가 대부분입니다. 반면 한국 소년범죄는 발생 건수 자체는 적지만 강력 범죄만 놓고 보면 비율이 훨씬 높아요.

저는 이 현상이 한국의 입시 위주의 교육 환경과 관련이 깊다고 봅니다. 청소년기는 신체 활동 능력과 감정의 발산이 왕성할 때입니다. 하지만 한국에서는 성적이 우수한 몇몇을 제외하고는 신체적으로든 감정적으로든 자기 욕구를 발산하기가 어렵습니다.

물론 모든 소년범죄가 자신의 분을 이기지 못해서 벌어지는 것은 아닙니다. 하지만 우리나라엔 청소년만의 놀이 문화랄 게 없지요. 학교 수업 이외에 자기 감정을 표현할 방법이 거의 없다는 뜻입니다.

반면 독일의 경우 공공 체육 시설이 굉장히 많은데요. 누구나 언제든지 가서 운동을 즐길 수 있죠. 학교 정규 교육 과정에도 반드시 체육 과목이 포함되고요. 이 과정에서 아이들이 신체적으로, 정신적으로 순화된다고 보기 때문이죠."

—

몇 해 전 일이다. 어느 날 저녁 우연히 이대역에서 아현동 쪽으로 걸어가게 됐다. 그때만 해도 재개발을 하기 전이었다. 지금은 철거된 아현 고가도로 옆으로 불 켜진 가게들이 죽 늘어서 있었다. '장미'나 '백합' 같은 이름의 허름한 간판이 붙은 가게들은 낮에는 폐허처럼 쇠창살을 두르고 있다가 밤이 되면 빨간 조명이 켜지는 말로만 듣던 '방석집'이었다.

가게 앞, 거의 헐벗다시피 한 여자들이 붉은빛 아래 서서 담배를 피우거나 껌을 씹으며 나를 쳐다봤다. 갑자기 심장이 쿵쾅거렸다. 재빨리 그곳을 빠져나왔다. 낮에 다시 그 길을 가봤다. 언제 그랬냐는 듯 전부 문이 굳게 닫혀 있었다. 안을 들여다볼 수도 없었다.

아현 방석집이 유명하다는 얘기가 그제야 생각났다. 대학생들이 낮에는 학교 갔다가 밤에는 거기서 돈 번다고, 번 돈으로 등록금도 내고 명품 가방도 사고 한다고. 누군가 분개하며 그런 얘기를 했었다.

돌아보면 처음부터 끝까지 다분히 여성 혐오적이었다. 그땐 한창 된장녀라는 신조어가 사회적 화두일 때였다. 나는 그 얘기를 들으면서도 여성 혐오적 표현이라거나 성매매 종사자에 대한 잘못된 인식이 담긴 말이라고 생각지 않았다. 그보다는 의아함이 더 컸던 것 같다. 성매매는 분명히 불법이라고 했는데, 이렇게 버젓이, 대로 한가운데에서 영업하는 게 어떻게 가능할까?

우리 사회에서 성매매 여성들에 대한 인식은 매우 부정적이다. 몸을, 성을 팔아서 돈을 버는 게 불법이고, 비도덕적이라는 이유다.

이런 주류의 인식은 아이들에게도 영향을 미쳤다. 아이들에게 성매매는 '더러운 일'이면서도 '돈 잘 버니까 좋은 일'이었다.

—

"시설에서 생활하면서 겪고 먹을 일이 뭐가 있어요?"

"뭐 여러 가지 있는데, 성매매도 있고……."

—

대수롭지 않다는 듯한 지원의 답에 당황하여 되물었다.

—

"시설에서 어떻게 성매매를 해요?"

"뭐 '조건' 이런 거요. 시설에서 1박이나 2박 외출 내보내줄 때 나가서 조건 뛰기도 해요. 돈을 많이 버니까요. 아는 언니는 하루에 70만 원 벌었대요. 다른 알바 해봤자 얼마나 벌겠어요. 그러니까 돈 없는 애들이 많이 하고요. 그냥 그걸 좋아하는 선배도 있어요. 근데 욕먹어요. 성병에 걸리기도 하니까."

"성매매하는 애들이 잘못했다고 생각하는 거죠?"

"네, 더럽잖아요. 같이 있기 싫어요. 근데 조건 뛰는 애 옆에 일부러 붙어 있는 애들도 있어요. 자기가 직접 하기는 싫은데 돈은 받고 싶어서. 옆에 있으면서 조건 돌려주고 자기는 돈 받는 거죠."

—

한 남자아이는 성매매한 소녀들에 대해서 "쉽게 돈 번다"라고 했다. 다른 아이들이 '힘들게' 아르바이트를 할 때, 여자애들은 '쉽게쉽게' 많은 돈을 손에 쥔다는 식이었다.

아이들은 결국 여성의 몸이 돈이 된다는 걸 일찍부터 깨닫고, 옳지 않다고 말하면서도 이를 이용하겠다고 생각하고 있는 셈이다. 과연 어디에서부터 시작된 걸까? 이 왜곡된 인식을 아이들만의 문제라고 할 수 있을까?

성매매 논의에서 항상 성을 사는 상대방, 남성은 빠져 있다. 하지만 결국 수요가 있으니 공급도 있다. 스마트폰 앱만 켜면 1분 만에 밥도 사주고 잠도 재워주겠다며 아저씨들이 달려들었다. 아이들은 머리로는 잘못됐다는 걸 알면서도 결국 여러 이유로 다시 성매매에 발을 들였다. 때로는 놀러 갈 돈이 없어서, 때로는 위안이 필요해서, 또 때로는 배가 고파서.

이런 문화를 만든 건 우리 사회다. 아이들의 몸을 사는 것도 성인이다. 모두가 잘못이란 걸 알지만 아무도 처벌받지 않는다. 성매매를 노동으로 볼 것인지 말 것인지는 또 다른 문제다. 현재 불법으로 놓인 상황에서 성매매한 여성들, 소녀들한테만 손가락질하는 게 잘못됐단 얘기다.

아이들은 그 길이 옳지 않다는 걸 알고 있었다. 그러나 다른 길을 알려주는 사람은 없었다. 보고 배울 어른이 없는 현실에서 아이들은 서로에게만 의지했다.

희원은 엄마한테 복수하고 싶은 마음에 비행을 저지른 것 같다고 했다. 엄마는 혼자서 희원과 늦둥이 동생을 키웠는데, 매일 일하느라 바빠 아이들을 제대로 봐주지 못했다. 엄마가 없는 집에서 중학생 희원은 홀로 동생을 돌봐야 했다. 외롭고 심심하고 힘들었다.

'엄마 앞에서 망가지면 나를 봐줄까?' 그렇게 엄마를 향한 원망으로 학교에서도 집에서도 겉돌기 시작했다.

아이들은 바뀌고 싶어 했지만 뭐가 옳은지 그른지 제대로 판단하지 못했고, 쉽게 다른 길로 발걸음을 옮기지 못했다. 자신을 사랑해주지 않는 주위 사람들 때문에 그 애정을 엉뚱한 데서 갈구하다 수렁 같은 관계에 빠져들기도 했다.

할머니, 아빠와 같이 자란 연우는 집을 생각하면 갑갑해진다.

—

"할머니가 과격해요. 욕하고 때리고. 아빠는 나를 이해한다고 말하면서도 회초리로 때려요."

—

할머니는 중학생인 연우에게 "창녀 같다"라며 "엄마한테 다시 돌아가라" 하고 막말을 했다. 옷차림이 불량스럽다는 게 이유였다.

—

"사람이 정착할 데가 있어야 하잖아요. 그런데 집에는 그게 없었어요. 기대려고 하면 밀어내면서 삿대질해요."

—

소은의 부모님도 그랬다. 학교에서 따돌림을 당한 뒤로 학교에 제대로 나가지 않았는데, 엄마 아빠는 소은에게 차갑게 말했다. "그럴 줄 알았다"라고.

다시 돌아갈 수 있다면 그 길을 걷지 않을까. "당연히 안 하죠"라고 운을 뗀 아이들의 말끝에는 깊은 후회가 묻어나왔다. "한 번만 더 생각해볼걸, 누가 옆에서 한 번만 뭐라고 했으면 안 그랬을 텐데, 이런 생각 엄청 자주 해요."

그러면서도 아이들은 말했다. 그때는 누가 말해도 콧방귀나 뀌고 넘겼을 거라고. 몇 년에 걸쳐 쌓이고 쌓인 사고방식과 습관은 쉽사리 바뀌지 않는다는 걸 아이들은 이미 알고 있었다. 다른 사람의 생각을 바꾸는 게 어렵다는 것도.

평범한 십 대처럼 살기, 그 간단한 소망을 이루기엔 아이들의 상처는 너무 크고 깊었다.

인터뷰_조진경 십대여성인권센터 대표

뉴스에 보도되는 사건은 물론 통계상으로도 소년범죄에서 두드러지는 건 소녀가 아닌 소년들이다. 우리 역시 처음부터 여성 청소년에 집중한 건 아니었다. 그런데 아이들을 만날수록 여성 청소년 문제를 반드시 따로 다뤄야겠다는 생각이 강해졌다. 법적인 처벌까지 받게 된 아이들이지만 한편으론 여러 상처가 있는 피해자임이 선명히 드러났기 때문이다.

여성 소년범은 대체 어떤 상황에 놓인 걸까. 십대여성인권센터 조진경 대표를 만나 이들에 대한 이야기를 나눴다. 십대여성인권센터는 십 대, 여성, 사이버 성 착취 피해 지원과 성 인권 향상에 힘쓰는 비영리 민간단체다.

소년범, 그리고 청소년 성매매 피해자. 언뜻 생각하면 이 두 단어는 완전히 다른 말 같다. 한쪽은 가해자지만 다른 한쪽은 피해자라는 점에서 그렇다.

하지만 이 둘을 결코 분리할 수 없다는 게 조 대표의 설명이다.

"여자아이들은 청소년이면서 여성이라는 약자성을 모두 갖고 있습니다. 성매매나 성폭행 피해에 노출될 가능성이 남성보다 크고, 이 피해가 제때 회복되지 않으면서 다른 더 큰 범죄로 이어지는 경향을 보이죠."

―

특히 십 대의 성을 금기시하는 한국 사회에선 단 하나의 사건이 아이들의 삶을 완전히 바꾸는 계기가 될 수 있다. 피해자들조차 자신이 겪은 일을 피해라고 인지하지 못하는 경우가 허다하기 때문이다.

―

"여자아이들은 남자아이들보다 (피해를 이야기하는 데에) 훨씬 소극적입니다. 물론 남자도 성폭력 피해를 겪죠. 이들도 처음엔 자신의 경험이 성폭력이란 걸 받아들이지 못하는 경우가 있어요. 그러나 남자아이들은 한번 인지하고 나면 적극적으로 수용하고, 피해 경험이나 표현도 적극적으로 해요. *
여자아이들은 다릅니다. '수치심'에 사로잡혀요. 자기가 망가졌고, 더러워졌고, 다신 과거를 되돌릴 수 없다고 생각해요. 상담과 지원을 하는 우리 기관에서도 신뢰 관계를 쌓는 게 굉장히 힘들죠."

―

같은 경험을 두고 성에 따라 전혀 다른 반응을 보인다는 것은 곧 우리 사회에 성에 따른 위계질서가 존재하며 여자아이의 경우 정조에 대한 편견이 중요하게 작동한다는 사실을 보여준다.

• 이는 모든 남자아이에 대해 일반화할 수는 없다. 십대여성인권센터에서 지원한 남자아이들이 대체로 그러했다는 뜻이다.

—

"아이들 사이에서도 성 경험이 있으면 인간 취급도 못 받아요. '몸 팔았다'라고 손 가락질하는 식이죠. 성관계뿐 아니라 성매매, 성폭행 피해를 당한 아이들도 마찬 가지예요. 성매매, 조건 만남 알선자는 당당히 얘기하고 다니는데 피해자들은 오 히려 그걸 숨겨요. 부끄럽다는 이유로요. 회복은커녕 우리 사회의 제일 밑바닥으 로 빠지게 되는 겁니다. 간혹 같은 6호 처분 시설에 알선자와 피해자가 같이 들어 갈 때도 있는데, 그러면 성매매 경험이 약점이 돼 지배 관계가 평생 이어지는 경 우도 있어요."

—

여자아이의 경우 '너의 성 경험을 알고 있다'라는 말만으로도 십 대 들의 위계가 결정되는 셈이다.

—

"성을 바라보는 이중적인 시각이 바뀌어야 합니다. 우리는 기관에 오는 아이들 에게 '섹스에 대해 너무 의미 부여하지 말라'고 얘기합니다. 성폭행을 당하거나 성매매를 한 아이들은 자신이 더러워졌다고 생각해요. 한 아이는 망가진 자신에 비해 다른 아이들은 너무 밝게 웃고 있다고, 자신은 도저히 회복될 수 없을 것 같 은 느낌이 든다고 해요. 망가졌으니까 더 마음대로 살겠다고요.
하지만 교통사고와 비교해보세요. 교통사고 피해자가 다시는 돌이킬 수 없는 사 고라고 생각하나요? 아니지요. 많이 다쳐도 당연히 회복 가능합니다. 성폭행도 마찬가지예요. 교통사고처럼 수술하고 재활하면 나아져요. 당연히."

—

여성 아동·청소년이 겪게 되는 성 관련 피해는 갈수록 교묘하게 진화하고 있다. 온라인 채팅, 만남이 활발해지면서 아이들은 어른들의 눈을 피하기가 쉬워졌고, 어떤 게 옳은지 판단할 보호자가 사라지면서 자기도 모르는 사이 상대방에게 놀아나는 경우가 부지기수였다. 만약 이런 사실을 알게 되면 부모는 어떻게 해야 할까.

—

"많은 부모가 자녀가 수상쩍은 누군가를 만난다고 하면 무조건 '만나지 마'라고 합니다. 당연히 보호자 입장에서 용납할 수 없겠죠. 하지만 이런 방식으로는 오히려 아이들이 엇나갈 가능성만 커져요. 그 상황을 이해하려는 노력이 필요해요. 온라인 그루밍을 예로 들어보죠. 온라인에서 성적 목적으로 접근하는 사람들은 먼저 페이스북 등에서 상대방이 뭘 좋아하는지, 관심사는 뭔지 파악합니다. 취향을 공유하는 척하면서 가까워지고, 관계가 발전해요. 아이들에게 예쁘다고 말해주고, 기프티콘도 주고, 일상을 공유하고요. 아이들은 상대에게 호감을 갖게 되죠. 의지할 수 있는, 좋은 아저씨 또는 오빠라고요. 그걸 이용해서 성관계까지 하는 경우가 많습니다. 아직 뽀뽀가 뭔지도 잘 모르는 아이한테, 선물을 잔뜩 사다 주면서 꾀죠.

그러다 보호자에게 이 상황을 들킨다고 해서 아이들의 상대 남성에 대한 호감은 갑자기 사라지지는 않습니다. 오히려 왜 '우리 관계에, 사랑에 어른들이 끼어들지'라고 생각합니다. 그게 그루밍의 무서운 점입니다. 아이들의 마음을 장악하고, 이용하죠. 이때 부모가 무조건 완강하게 막아서거나 반대하면 아이들은 '자기 말을 잘 들어줄 사람'을 찾아 가출하기 쉽죠."

—

최근에는 남자아이들의 상담도 늘었다. 범죄의 대상을 가리지 않는 온라인의 특성상 남자아이들도 성 착취 범죄의 대상이 되는 경우가 적지 않기 때문이다.

—

"미성년자에 대한 착취 문제는 소년과 소녀 모두를 포함합니다. 최근엔 채팅을 하다 자위하는 모습을 찍어 보내 유포 협박을 받는다며 기관에 찾아온 남자아이들이 많았습니다.

다만, 남자아이들이 피해자가 된 뒤에 큰 변화가 있었어요. 경찰도 드디어 성 착취를 '약자의 문제'라고 깨달았다는 거죠. 소년, 남자들의 문제가 되고 보니 피해자 입장에서 더 공감하게 됐다는 거예요. 그동안 수없이 많은 여자아이의 피해로 경찰서를 찾았을 땐 '원해서 사진 보낸 게 아니냐'라고 하고, 가해자를 제대로 잡지도 않고, 잡아도 실형까지 받는 경우는 거의 없었는데 말이죠."

—

수사기관의 변화가 다행이지만, 다행이라고 보기만은 힘든 대목이다.

그는 정신적, 신체적으로 다 성장하지 않은 청소년의 문제는 성인과 다르게 받아들여져야 한다고 강조했다. 성인과의 관계에서 신체, 정신, 심리, 경제적 능력, 사회적 인간관계 등 모든 면에서 대등하지 않은 만큼 청소년은 성인과 동일한 책임을 물을 대상이 아닌 보호의 대상으로 봐야 한다는 것이다.

특히 아동·청소년성보호법 개정 이후 청소년을 보호 대상으로 보게 됐다는 점에서 법적 변화는 반길 만하지만, 조 대표는 법 개정이 다가 아니라고 말한다.

"과거에는 성범죄 피해 아이들이 처벌받지 않게 하는 데 힘썼는데, 이젠 법이 개정되어 그렇게 할 필요가 없다는 점은 좋습니다. 다만 실제 수사기관에서 얼마나 법 집행을 잘하는지는 의문이에요. 우리 기관을 거치지 않은, 수많은 피해자가 얼마나 보호받고 있는지 알 수 없습니다."

십대여성인권센터는 최근에도 서울 시내 한 경찰서의 경찰을 직무유기 등 혐의로 고발했다. 부모님에게 알려질 것이 두려워 신고를 망설이던 미성년 피해자가 온라인 성매매 알선자에 의한 피해를 진술하기 위해 경찰서에 갔지만, 경찰이 오히려 피해자에게 상대방과의 합의를 종용했다는 것이다.

"물론 그렇지 않은 사람도 있지만, 상담 현장에서 느끼기에 경찰은 기본적으로 여성 청소년을 피해자라고 보지 않아요. '어차피 또 성매매 할 애들'이라고 생각하죠. 우리 기관을 통해서 도움을 요청할 경우 조사 과정에서의 문제 제기도 할 수 있는 건데, 그렇지 않은 경우 소외되는 아이들이 얼마나 많을까요."

코로나19 팬데믹은 현장의 어려움을 더했다. 대면 상담 등이 어려우니 한계가 크다. 현장에서 아이들 얘기를 듣는 아웃리치 프로그램도 중단됐다. 기존 아이들과는 계속 대면 상담과 온라인 상담을 진행하지만 코로나19 이전에 비해 효과가 떨어지고, 사각지대에 있는 피해 사례를 찾기가 어려운 실정이다.

조 대표는 "언제든지 아이들이 신고할 수 있게 해야 한다"라고 강조했다.

—

"피해자에서 가해자가 되는 경우가 너무 많아요. 온라인 그루밍으로 피해를 당하고, 부모님과의 갈등으로 가출하고, 그 뒤에 성매매 알선이나 조건 만남에 내몰리고…… 아이들 대부분이 그런 사례입니다.

중간에 빠져나왔어야 하는데 그러지 못한 거예요. 혼날까 봐, 처벌받을까 봐. 그 뒤엔 자기가 이 생리를 아니까, 자기는 피해자 되기 싫으니까, 또 다른 희생양을 끌어들이죠. 그렇게 괴물이 되는 거예요.

포주건 알선자건 여기까지 오게 된 아이들을 역으로 추적해보면 결국 시작은 피해자예요. 언제, 어느 때나, 어느 단계에서나, 수사기관과 우리 같은 기관의 도움을 받을 수 있는 환경을 만들어주세요. 언제든 신고할 수 있도록 시스템이 마련돼야 하고 현장의 인식도 바뀌어야 해요."

7

보호처분 시설

스마트폰

소년재판에 넘겨진 소년범들이 받는 처분 중 6~10호 처분은 집이 아닌 소년 보호시설·소년원에서 살도록 하는 것이다. 시설에 '위탁'된다는 표현을 쓰지만 사실상 '구금'에 가깝다. 물론 교도소와는 다르다. '보호시설'인 만큼 아이들의 재범을 막기 위한 교육 및 교화 프로그램에 집중한다.

하지만 아이들의 답답함은 쉽게 해소되지 못했다. 소년 보호시설 생활기를 들으면서 가장 탄식이 나왔던 것이 바로 '스마트폰'을 쓸 수 없다는 점이었다.

현대인이라면 누구나 한 번쯤 '스마트폰 중독이 아닐까?' 고민해 봤을 것이다. 얼마 전 지하철에서의 일이다. 지하철에서 내리는데 인파에 부딪혀 무언가가 선로에 툭 떨어졌다. 스마트폰이었다. 놀란 나는 지하철 역무원실로 달려갔다.

—

"내일 새벽 5시부터 운행을 시작하니까 그때 찾아가시면 돼요."

"막차 끊길 때까지 기다렸다가 받아 갈 수 없을까요?"

—

내일 새벽까지 기다릴 수 없었다. 스마트폰은 내게 없으면 하루도 살 수 없는 것이었다. 결국 한 시간 반쯤 역사에서 기다린 끝에 스마트폰을 손에 쥘 수 있었다.

나는 대학교 1학년 때 처음 스마트폰을 샀다. 카카오톡은 신세계였다. 모바일로 메시지를 실시간 주고받을 수 있다는 것은 언제 어디서나 사람들과 연결될 수 있다는 뜻이었다.

물론 그 연결이 완전하고 이상적이기만 한 것은 아니었다. 카톡의 '1'이 언제 사라지는지, 답이 늦으면 상대가 서운해할지 신경 쓰는 건 꽤 피곤했다.

하지만 기자가 되고 나니 자연스레 스마트폰 중독자가 됐다. 수시로 기사를 찾아봐야 했고 업무 연락을 받아야 했다. 스마트폰은 내게 없어서는 안 될 '무언가'가 된 지 오래였다.

아이들은 오죽할까. 인터뷰할 때마다 아이들의 눈은 책상 위에 놓인 내 스마트폰을 향했다.

—

"선생님, 저 폰 한 번만 보면 안돼요?"

"왜?"

"제 페북 한 번만 들어가볼래요. 딱 한 번만요."

—

하루는 열여섯 살 유경의 간절한 애원에 못 이겨 폰을 켰다. 유경의 눈이 반짝였다.

—

"제 계정에 잠깐만 들어가주세요. 누가 메시지 남긴 거 없는지요. 마지막에 프로필을 뭐로 해놨는지도 기억이 안 나요."

"메시지는 없는 것 같은데요?"

—

혹시나 문제가 될까, 서둘러 스마트폰을 치웠지만 유경은 아쉬운 표정이었다.

시설에서 아이들은 친구들이 보내주는 편지를 통해서만 세상의 소식을 접했다.

같은 무리의 친구들은 어떤 처분을 받았는지, 또 사고를 친 애는 없는지, 누가 누구랑 사귀는지, 아이돌 그룹이 어떤 신곡을 냈는지 같은 소식 말이다.

아이들에게 스마트폰은 단순히 연락을 주고받는 수단 그 이상이었다. '또 다른 나'였다. 비행이 시작되는 장소가 SNS인 경우도 많았다. 과거 '일진' 무리가 학교라는 오프라인 공간을 중심으로 형성됐다면 요즘의 십 대들은 온라인을 중심으로 무리를 이뤘다.

유경이 들려준 이야기는 이랬다.

—

"학교 안에는 별로 친한 친구가 없어요. 제 친구들은 다 수원, 인천, 서울 ○○동, △△동, XX동에 있어요. 친해지는 건 쉬워요. 페이스북 보면서 프로필 사진 보고 얘 좀 괜찮다 싶으면 '페메(페이스북 메시지)'를 보내요. 아니면 다른 애들한테 먼저 페메가 오기도 해요. '놀 거 같다' 싶은 애 있잖아요. 그러다 오프라인에서 만나서 놀고, 서로 친구들이나 선배들을 소개해주면서 인맥을 쌓는 거예요."

—

아이들은 SNS에서 이뤄지는 폭력에도 익숙했다. '페따(페북 왕따)'가 대표적이다. 단체 대화방에서 한 친구에게 집단으로 비난을 퍼붓는 사이버 불링은 일상적으로 벌어졌다. 어느 날은 가해자였고 어느 날은 피해자였다. 그래서일까. 이런 행위에 대한 죄책감이 별로 없었다.

열네 살 경주는 초등학생 때부터 해온 각종 비행 행위가 쌓여 6호 보호처분 시설로 보내졌다. 경주가 저지른 범죄 중에는 '사이버 성폭력'이 있었다. 무슨 일이 있었는지 조심스레 물었다.

—

"여자애 몸 사진을 유포했어요."

"원래 알던 친구였어요?"

"네, 친구 사진을 장난으로 찍었는데요. 저 혼자만의 장난이었던 거죠, 뭐."

—

경주는 함께 모텔에서 지냈던 가출팸 친구가 씻는 틈을 타 나체 사진을 찍었다. 얼마 뒤 그 친구와 대화를 하다가 시비가 붙었다. 경주는 홧김에 '망신을 주자'라는 마음으로 친구의 사진을 단톡방에 올렸다. 'ㅋㅋㅋㅋㅋㅋㅋㅋㅋ' 친구들이 모두 웃었다. 경주도 별다른 생각 없이 그냥 이 상황이 '웃겼다'.

그러나 경주의 '장난'은 단톡방에서 끝나지 않았다. 그 사진을 받은 친구 중 하나가 사진을 페이스북에 올렸다. 이번에도 아이들은 '장난'이라고 생각했다. 경주는 자신이 한 행위가 범죄라는 사실을 뒤늦게 알았다. "웃기려고 그랬어요"라는 말은 통하지 않았다.

경주는 "피해자와 그 후에 연락을 하거나 사과를 했느냐"는 질문에 고개를 저었다. 지금은 어떤 마음이 드는지 물었더니 한참 생각하다가 "좀 미안하다"라고만 했다.

6호의 풍경

시설에 갓 들어온 아이들에게는 외부와 단절된 생활에 적응하는 것이 첫 과제다. 스마트폰도 SNS도 없다. 대부분의 시설은 다인실이다. 공동체 생활을 통해 아이들이 '규율'을 배우도록 하는 게 시설의 목표다. 아이들에겐 낯선 일이다. 24시간 마음에 안 드는 또래들과 싸우지 않고 잘 지내야 한다는 것 자체가 어렵다. 그래서일까. 마찰도 잦다. 싸움이 벌어져도 시설 내부에서 해결을 해야 한다. 밖에 있는 친구들에게 "죽겠다"라고 하소연도 못 한다. 외부와 연락이 제한되기 때문이다. 이 생활에 적응하지 못하고 불만을 가질수록 시설 생활은 그저 감옥일 뿐이다.

우리는 소년범 위탁 시설 중에서도 '6호'에 주목했다. 그곳이 '중간 지대'이기 때문이다. 구금의 기능을 하는 6~10호 보호처분 시설 중 6호는 유일한 민간 복지시설이다. 가정법원에서 민간 시설을 지정해 6호 보호처분을 받은 아이들의 감호를 위탁한 것이다. 전국적으로 이런 6호 시설은 10여 곳 있다.

6호 시설은 법무부 산하 소년원보다는 자유롭게 운영된다. 물론 아이들의 입장에서 자유로운 것은 아니다. '자유'란 시설이 재량껏 프로그램을 짜고 운영할 수 있다는 의미다. 외부와 접촉이 차단된 채 살아간다는 점은 같다.

보통 수차례 보호처분을 받은 경험 있는 아이들이 소년원에 간다. 그 단계에 이르기 전, 6호 시설이 재범의 굴레에 빠지는 것을 막는 지지대 역할을 해야 했다.

특히 우리가 자주 찾았던 A 시설이 있다. 고속도로를 빠져나와 구불구불한 좁은 길을 따라 한참을 들어가자 산에 둘러싸인 너른 공터와 3층짜리 집이 나왔다. 커다랗게 써 붙인 간판이 아니었다면 제법 큰 규모의 다세대주택처럼 보였다.

읍내에서 한참 떨어진 시골의 마을 회관 같은 분위기였다. 단정하지만 낡았다. 그때 무언가를 부수고 있는 두 아이의 모습이 눈에 들어왔다. 생활관으로 쓰이는 건물 옆에 슬레이트 집이 있었다. 원래 아이들이 지냈던 곳인데 최근 건물을 개조하면서 허문다고 했다. 아이들이 바지런히 돌아다니며 널브러진 철판과 플라스틱 잔해를 옮기고 있었다. 몸이 근질거린다며 자원하여 청소를 했다. 답답함을 육체노동으로 해소하는 듯했다.

—

"어쩌다 한 번씩 도망가는 애들이 있어요. 그런 날은 밤새 애들을 찾느라 근방을 뒤집고 다니는 거예요."

—

| 전국 6호 보호처분 시설 현황 |

지역	기관명	위탁 대상
서울	살레시오청소년센터	남자
	마자렐로센터	여자
	돈보스코청소년센터	남자
대전	보호치료시설 효광원	남자
	자모원	여자
대구	늘사랑청소년센터	여자
	대구청소년자립생활관	남자
부산	웨슬리마을 신나는 디딤터	여자
경기	나사로 청소년의집	여자
	아람청소년센터	여자
	세상을품은아이들	남자
충북	로뎀청소년학교	남자
전북	희망샘학교	남자, 여자
경북	둥글레청소년지원시설	여자
	구미시 청소년쉼터	여자
경남	로뎀의집	여자

출처: 대법원(2020)

시설 선생님의 말에 곧장 질문이 튀어나왔다.

—

"여기서 어떻게 도망을 가요?"

—

휴대전화도 돈도 없는 아이들이 택시를 부를 수 있을 것 같지도 않
았다. 몇몇 아이들은 친구들에게 연락해 오토바이를 타고 데리러

와달라고 하기도 했다. 심지어 무작정 인근 야산으로 도망친 아이도 있었다. 어느 깊은 밤 선생님들의 눈을 피해 산을 올랐을 아이들의 모습이 그려졌다.

—

"여긴 아무것도 없잖아요. 잘 지내다가도 한 번씩 답답해 미쳐버릴 것 같아요."

—

밖에서 이 아이들의 모습이 어땠을지 상상했다. 시설에서는 화장을 지우고 수수한 트레이닝복을 입어 한결 앳돼 보였다.

아이들은 학교에 못 가기 때문에 시설에서 공부하고 검정고시도 준비한다. 우리가 시설을 찾았던 금요일에는 아이들이 가장 좋아하는 특별활동 시간이 있었다.

이곳에선 매 순간 어른의 지도를 받는다. 아이들은 가정과 학교, 사회로부터 배우지 못한 것들을 차근차근 배운다. 양보하기, 예쁜 말 쓰기, 경청하기, 건강한 밥 먹기, 갈등 상황에서 감정을 올바르게 표현하기 같은 생활 규칙이다.

고등학교를 자퇴한 열여덟 살 고은은 시설에서 삼시 세끼 따뜻한 밥을 먹을 수 있어 좋다고 했다. 하루는 인터뷰가 길어져 저녁까지 이어졌는데 시설의 권유로 식사를 함께 했다. 고은과 밥을 먹으면서 계속 대화를 나눴다. 그날 메인 반찬은 김치만두였는데 1인당 다섯 개로 갯수가 정해져 있었다. 내가 세 개만 받아 왔더니 고은의 눈이 똥그래졌다. "선생님 왜 그것만 먹어요? 더 가져가요!"

—

OO시설 생활 다짐

나는 다음과 같은 다짐을 하고 지키겠습니다.

나는 정직하겠습니다.

나는 내 것을 나누어주겠습니다.

나는 내 할 일을 다하겠습니다.

나는 받기보다 주기를 먼저 하겠습니다.

나는 모든 것이 좋아졌다고 생각하며 행동하겠습니다.

나는 모든 것에 주의를 기울이겠습니다.

나는 내 주위 환경을 믿겠습니다.

나는 겉모습보다 속 모습을 중요시하겠습니다.

나는 내가 받는 것들을 고맙게 여기겠습니다.

나는 책임감을 가지고 배려하며 사랑하겠습니다.

나는 이해받기보다는 이해하도록 노력하겠습니다.

나는 요청할 때 한 번 더 생각하고 하겠습니다.

내가 용서받았듯이 나도 용서하겠습니다.

—

특히 마지막 대목이 인상 깊었다.

—

내가 용서받았듯이 나도 용서하겠습니다.

—

아이들은 나이가 어리다는 이유로 성인 범죄자와 달리 여러 번의 기회를 얻는다는 사실에 대해 어떻게 생각할까?

또 한편으로는, 아이들이 받는 것이 정말 '용서'일까?

법적으로는 일종의 기회를 받고 있는 아이들이 실은 우리 사회에서 온전히 용서받지 못하고 있는 것이 아닐까? 그 간극이 여론의 분노를 더 키우고 있는 것은 아닐까? 여러 생각이 머릿속을 스쳤다.

A 시설에서는 '열매·씨앗제'로 생활 관리를 한다. 규칙을 잘 지켰을 때는 열매, 어겼을 때는 씨앗을 준다.

—

"예전에는 '씨앗' 대신에 '벌'이나 '격려'라는 말을 썼어요. 그러다 '씨앗'이라는 말로 바꿨어요. 성장의 밑거름이라는 뜻으로 더 긍정적으로 아이들에게 다가가게 하려고요."

—

씨앗이 쌓이면 시설에서 담당 판사에게 알리는데 이에 따라 처분이 변경되거나 시설에 머무는 기간이 연장될 수 있다. 열매를 모으면 부모나 친구에게 전화하는 기회가 추가된다.

다양한 교육도 받는다. 학교와 다른 점이라면 그 내용이 국어, 영어, 수학과 같은 교과 교육에만 한정되지 않는다는 점이다.

비행 예방 교육도 이뤄진다. 예를 들어 흡연의 장점과 단점을 쭉 써보고, 흡연을 왜 하면 안 되는지 생각해보는 것이다. '스트레스가

풀린다'(장점) '건강을 해친다'(단점) '피부가 안 좋아진다'(단점) 등을
나열하고 스스로 흡연을 줄이거나 하지 않겠다는 결론을 내린다.

　여성 청소년들의 경우, 선생님들이 공을 들이는 건 성교육이다.
소녀들 대부분이 성 경험이 있고, 성폭력과 성매매 피해에 노출된
경우가 많았다. 그러다 보니 성병을 앓고 있는 경우가 흔했는데, 이
들을 치료할 산부인과 비용이 시설 살림의 상당 부분을 차지한다
고 한다. 시설 선생님은 "콘돔을 꼭 써야 한다는 수준의 교육을 넘
어 '너는 소중한 존재이기에 너의 몸을 함부로 할 수 있는 사람은
없다'라는 걸 가르치고 있다"라고 했다. 그러나 밖에서 체화한 반사
회성과 왜곡된 성 관념을 바로잡기란 쉽지 않다.

　시설에서는 크고 작은 다툼도 잦다. 아이들의 다툼이 대부분이
지만, 때로는 아이들과 선생님 사이에 갈등이 생기기도 한다. 아이
들은 작은 것에도 집착한다. 사회와 단절된 탓이다. 밖에서는 흔하
게 구할 수 있는, 어쩌면 거들떠보지도 않을, 펜과 편지지 그리고 스
티커 같은 것들도 이곳에서는 싸움의 원인이 된다.

　감시가 느슨해지는 밤에는 몸싸움도 벌어진다. 우리가 찾아간
날에도 전날 몸싸움을 주도한 아이가 선생님들과 상담을 하고 있
었다.

—

"제가 잘못한 거 아니라고요! 그 언니가 거짓말했다고요!"

—

아이는 거칠었고, 잔뜩 화가 나 있었다. 상담을 받는 중간에도 한 번

씩 고함을 내질렀다. 시설에 적응하지 못하고 계속 마찰을 빚는 아이는 결국 소년원으로 보내지기도 한다.

보호시설의 현실

교사 개인이나 시설 차원의 노력과는 무관하게, 소년 보호시설의 열악한 환경은 고질적인 문제로 꼽힌다. 민간 시설인 1호·6호 보호처분 시설은 물론이고 법무부 산하 소년원의 여건도 좋지 않다. 돈 때문이다. 소년 보호시설에 할당된 예산은 늘 부족하고, 소년범에 대한 사회적 인식이 나쁘다 보니 누구도 예산 확대를 적극적으로 추진하지 않는다.

현실을 면밀히 따져보면, 이게 '보호'시설이 맞는지 따지고 싶어졌다. 열악한 현실은 가장 기본적인 밥 문제에서부터 드러난다. 소년원생의 한 끼 급식비는 2020년 기준 1893원에 불과했다. 같은 해 서울 소재 중학교(3783원)는 물론 군대(2831원)와 비교해도 형편없는 수준이다. 2021년에는 그나마 2080원으로 올랐다. 게다가 중학생들은 급식 외에도 먹을거리가 많다. 하교하고 집에 가면 밥이 있고, 배달 어플도 있고, 곳곳에 널린 식당과 편의점도 있다. 군대에는 PX가 있다. 소년원생은 다르다. 간식도, 매점도 없고 하루 세끼 급식이 전부다.

| 최근 5년간 소년 보호시설 일일 급식비 현황 |

	2016	2017	2018	2019	2020
소년원·소년 교도소	5097원	5199원	5303원	5409원	5680원
6호 시설	7026원	7044원	7125원	7275원	7488원
군대	7334원	7481원	7855원	8012원	8493원
서울 지역 중학교	9750원	9864원	10314원	10887원	11349원

출처: 법무부

2020년 4월 출범한 법무부 산하 소년보호혁신위원회가 가장 먼저 '소년원생 급식비 현실화'를 첫 권고안으로 낸 것은 이러한 현실을 반영한 결과다. 혁신위는 소년원생의 급식비를 단계적으로 6호 시설 평균치(2496원)까지는 끌어올려야 한다고 강력하게 권고했다.

의식주의 '주'도 마찬가지다. 과밀 수용 문제도 오랫동안 반복되고 있다. 전국 소년원 열 곳 모두 열악하긴 매한가지지만 특히 수도권이 문제다. 서울소년원의 경우 수용 정원은 170명이지만 200명이 넘는 아이들이 머무는 때도 있다. 안양소년원에도 평균적으로 수용 정원(80명)의 1.25배 수준인 100명의 아이들이 머문다.

소년재판을 받는 소년범을 한 달 동안 수용하는 소년분류심사원

| 전국 법무부 소속 소년 보호기관 분포도 |

수도권
❶ 안양소년원(여)
❷ 서울소년원
❸ 서울소년분류심사원

중부권
❹ 대전소년원
❺ 청주소년원(여)

호남권/제주권
❻ 광주소년원
❼ 전주소년원
❽ 제주소년원

영남권/강원권
❾ 대구소년원
❿ 부산소년원
⓫ 춘천소년원

| 전국 소년원 수용 정원 및 수용 인원 |

기관	수용 정원	일평균 수용 인원
서울소년원	170	209
안양소년원	80	100
대전소년원	100	102
청주소년원	80	67
춘천소년원	120	92
대구소년원	140	103
부산소년원	160	150
전주소년원	130	101
광주소년원	170	128
제주소년원	40	29
서울소년분류심사원	170	211

출처: 법무부 / 수용 인원은 2020년 9월 기준

은 전국에 딱 한 곳이다. 경기 의왕시에 있는 서울소년분류심사원이다. 소년분류심사원은 구치소와 유사하지만, 심사원에서는 아이들의 생활 태도나 보호자 상담을 통해 어떤 처분을 받는 것이 적절한지 판단한다는 점이 다르다. 심사원에서 작성된 '분류심사서'는 가정법원 판사들이 실제 결정을 내릴 때 주요한 참고 자료로 사용한다.

서울을 제외한 지역에는 이런 심사원이 없다 보니 6개 지역(부산, 대구, 광주, 대전, 춘천, 제주) 소년원은 심사원의 역할까지 대신하고 있다. 서울소년분류심사원은 수용 정원이 170명인데 늘 200명 안팎의 아이들로 과포화 상태다.

법무부는 소년 보호시설의 처우를 점진적으로 개선한다는 계획을 밝혀왔다. 수도권 소년원을 일부 증축하고 경기북부소년분류심사원을 추가 설치하는 방안도 고려하고 있다고 한다. 다만 그러려면 막대한 예산이 필요하다. 지역사회의 반발도 거셀 것이다.

멀리 갈 것도 없다. '소년원 급식비 현실화' 기사에 달린 댓글만 보아도 여론은 싸늘하다. "범죄자 인권을 챙긴다." "범죄자는 하루 한끼 밥만 줘도 감사한 거다." "소년범 처벌이나 확실히 해라."

또 하나의 일화가 있다. 1호 보호처분을 받은 아이들이 가는 B 시설을 방문했을 때다. 소년범이 받는 처분 중 가장 약한 1호 처분은 '보호자 위탁'이다. 그러나 돌아갈 가정이 없거나 보호자의 상황이 좋지 않은 경우 아이들은 1호 시설에 위탁된다. 이곳에 온 아이들은 대부분 범죄를 저질렀다기보다는 우범소년에 가깝다. 가출을 하고, 학교를 자주 빠지고, 밤늦게 친구들과 어울리며 지위 비행*을 하는 경우다.

다세대주택이 모인 동네에 있는 B 시설은 2층짜리 주택 두 채를 연결한 구조였다. 얼핏 보면 가정집과 구분할 수 없다. 열악한 다른 시설들과 비교하면 제법 근사했다. 최근 지역사회에서 공익사업을 활발히 하는 한 기업의 후원으로 리모델링 공사를 마쳤다고 했다.

그런데 감탄하던 우리에게 시설 직원은 "공사 과정에서 인근 주민들의 민원이 상당했다"라고 했다. 주민들이 소년 보호시설을 짓는다는 걸 알고 불만을 터뜨렸다는 이야기였다. 듣고 보니 시설에 간판이 없는 이유도 짐작이 갔다.

소년보호처분이 제 기능을 하려면 최소한 시설 개선은 필수다. 아이들이 편안하게 지낼 수 있도록 화려한 시설을 제공해야 한다는 뜻이 아니다. 다만 기본적인 생활 여건은 갖추어야 한다는 것이다. 그런데 소년범을 혐오하는 사회에서는 이 사안에 대한 공감대 형성이 어렵다. 예산을 늘릴 의지도, 여지도 없다. 아이들은 시선도 관심도 닿지 않는 곳에 방치돼 있다.

특히 걱정되는 건 학업이었다. 아이들은 시설에서 나가면 학교로 돌아가야 한다. 수업 진도를 따라갈 수 있을까? 시설에서 학교에서처럼 다양한 과목을 체계적으로 교육하기는 불가능에 가깝다. 국영

• 성인의 경우 문제가 되지 않지만, 청소년이라는 '지위'로 인해 비행으로 규정되는 행동. 음주, 흡연, 가출 등이 해당한다.

수 공부는 교육 봉사를 온 대학생들의 도움을 받는 경우도 있었다. 그러나 코로나19 때문에 그마저도 어려워지면서 아이들은 자습으로 수업 시간 대부분을 보냈다. 공부가 될 리 없었다.

이 때문에 전문가들은 법적 처벌과 별개로 교육 기회를 박탈해서는 안 된다고 강조했다. 교육하지 않으면 아이들은 영영 범죄의 굴레에서 빠져나올 수 없기 때문이다. 교육의 기회는 누구에게나 평등하게 주어져야 한다. 전문가들은 시설에 머무는 동안에도 최대한 학교를 다닐 수 있도록 해야 한다고 조언했다. 그것이 어려우면 교육청과 연계해 전문 인력이 정기적으로 방문 교육하는 방안을 도입해야 한다고 지적했다.

—

"현장에서는 '판사님, 제발 우리 7호 시설로 보내지 말아주세요. 더는 받을 수가 없습니다'라고 해요. 이미 너무 많은 아이를 데리고 있으니까요. 그런데 7호 시설에서 거절하면 치료를 받아야 할 아이가 병원이 아닌 소년원에 갈 수밖에 없어요."

—

'7호' 문제도 소년 보호시설을 논할 때 뺄 수 없는 주제다. 7호 보호처분은 소년범이 '정신 질환이 있거나 약물 남용과 같이 의학적인 치료와 요양이 필요한 경우' 소년 의료보호시설에 위탁하는 처분이다.

분노조절장애나 주의력결핍 과잉행동장애 등 정신 질환이 있는 소년범들은 별도 관리가 필요하지만, 치료 여건을 갖춘 소년 의료보호시설(7호)은 전국에 대전소년원 한 곳뿐이다.

시설 입장에서는 남는 자리가 없기 때문에 소년부 판사에게 '이쪽으로 보내지 말아 달라' 하고 사정할 수밖에 없게 된다. 그렇게 '6호'로 보내졌다가 시설 안에서도 다른 아이들과 제대로 어울리지 못하면서 마찰을 빚고, 다시 소년원에 가는 아이들도 적지 않다. 정신질환이 있는 아이를 일반 시설의 제한된 인력으로 다루기 쉽지 않기 때문이다.

보호와 교화

—

"선생님, 비밀 하나 가르쳐줄까요?"

—

공터에 앉아 열다섯 살 유진과 한 시간쯤 이야기했을 무렵, 아이가 눈을 반짝이며 물어왔다. 왜 범죄를 저지르게 됐는지, 시설 생활은 어떤지 한참을 재잘재잘하던 중이었다. 갑자기 유진의 목소리가 진지해졌다.

—

"사실 여기 애들이요, 반성 하나도 안 해요. 맨날 날짜만 세고 있다니까요."

"무슨 날짜를 세는데요?"

"시설 나가는 날이요. 다들 그거 기다리면서 나가서 다시 놀 궁리밖에 안 해요. 여기서도요, 손 세정제 코로 들이마시면서 '알코올 냄새' 난다고 술 먹는 거 같다고 그래요."

"유진이는 어떻게 생각하는데요?"

—

아이는 조금 생각하더니 말했다.

—

"그래도 저는 정신을 조금 차린 것 같아요. 6개월까지는 저도 날짜만 세고 있었거든요? 여기서 자물쇠 따는 법도 배워서, 나가면 도둑질도 더 잘할 수 있을 것 같고. '나가기만 해봐라' 그랬는데 제가 연장(6개월 추가 위탁 조치) 됐잖아요. 처음에는 너무 화나고 울고 그랬는데 이제는 그냥 체념한 느낌이랄까. 어쨌든 여기 6개월이나 더 있어야 하는데 내 시간이 너무 아깝잖아요. '나 앞으로 어떻게 살지' 그러다가 정신 차린 것 같아요. 진짜요."

—

유진은 '진로 노트'를 보여줬다.

—

쇼핑 호스트: 케이블 TV, 웹방송 등 다양한 쇼핑 채널에서 제품에 대해 설명하고 소비자들의 궁금증을 해결해주어 구매를 유도하는 일을 한다.

지식: 방송, 미디어, 마케팅, 교육

능력: 말하기, 설득력, 이해력

자격: 특별한 자격은 없음

전공: 방송연예과, 쇼핑호스트과

—

직업 수십 가지에 대해 필요한 지식과 능력, 자격 등을 기록해둔 노트였다.

유진은 뿌듯한 얼굴로 말했다.

—

"혼자서 책 보면서 정리한 거예요. 앞으로 뭐 해서 먹고살지 생각하다가요. 다른 애들은 이런 거 안 한다니까요."

—

유진이 들려준 이야기는 '비밀'이 아니었다. 여러 아이가 마치 입을 맞춘 듯 같은 얘기를 했다. 결국 여기 아이들 상당수가 나가서 재비행, 재범을 할 거라는 얘기. 이곳에 있는 동안 아무것도 달라진 것이 없다는 얘기.

"시설 선생님들은 모를걸요. 애들끼리 밤늦게 모이면 나가서 뭐하고 놀 건지 이야기해요. 선생님들 없을 때 욕도 하고 싸움도 다 해요." 사실 시설 선생님들도 알고 있다.

시설이 '보호'와 '교화'의 역할을 실질적으로 수행할 수 있을까. 이곳에서 아이들은 조금이라도 달라질 수 있을까. 재비행의 고리를 끊어낼 것이라는 다짐은 단단히 뿌리내릴 수 있을까. '보호'받는다는 기분이라도 느낄 수 있을까. 운이 나빠서 잡혀 들어왔고, 시설 생활은 그저 답답하다고만 생각할까.

소년 분류 심사를 하는 한 선생님은 고민을 털어놓았다.

—

"보육원에 사는 아이가 있었어요. 갈 곳도 없고 다른 시설에서도 문제가 많아서 정착했으면 좋겠다는 의미로 10호 의견을 냈고 소년원에 가게 됐어요. 잘 생활할 거라고 믿었는데 그 녀석이 또 왔더라고요. 깜짝 놀랐어요.

그 애 말이 소년원 나오고 나서 너무 힘들었대요. 닷새 동안 굶다가 너무 배가 고파서 차 털이를 하게 됐대요. 그래서 다시 잡혀 온 거예요.

그런데 그 애가 '고아라고 10호로 보낼 줄은 몰랐다'고, '만약에 이번에 또 10호로 가면 마음이 아플 것 같다'고 하더라고요. 그게 최선이라고 생각했었는데 그 안에서 나를 얼마나 원망했을까 싶었어요."

—

소년 보호처분은 죄질 자체보다 재비행 가능성을 중심으로 결정된다. 가정과 학교에서 원만한 보호를 받을 수 없을 것이라고 판단되는 아이들은 구금 시설인 소년원이나 6호, 7호 처분을 받는다. 어른들은 아이들이 규칙적으로 생활하면서 나쁜 길로 빠지지 않도록 마음을 다잡기를 바랐겠지만, 정작 아이들은 억울함이나 답답함을 느낀다.

때때로 아이들은 "이제 정말 정신 차렸다" "다시는 비행 안 한다" "앞으로는 착하게 살 거다" 하고 말한다. 그러나 지켜지지 않는 약속이 되어버리는 때가 많다.

몇 번의 취재로 그 사실을 알게 된 나는 "정신 차렸다"는 유진의 말이 반가웠지만, 한편으로는 걱정됐다. 앞으로 유진에게는 너무나 많은 유혹이 찾아올 것이다. 비행의 세계에 찌든 아이들은 서로가 서로에게 유혹이자 굴레다. 아이들이 무의미하게 시간을 흘려보내는 것보다 더 최악의 상황은 미래의 범죄를 함께할 무리가 만들어지고 범죄 수법이 공유된다는 점이다.

—

"거기 있을 때는 지옥이었어요. 사실은."

—

"여기 되게 좁아요. 들어와보니 아는 선배들이 좀 많더라고요. 그래서 나는 적응을 처음부터 잘했어요."

—

"애들끼리 모이면서 자기가 했던 일을 얘기해요. 코인노래방 어디서 돈을 털고, 편의점에서 카드로 긁으면 뭐가 열리고, 이런 얘기를 들으면 나도 호기심이 생기잖아요. 나가서 해볼까, 하고요."

—

"지난번 시설에 있을 때 만난 언니가 내 베프, 제일 의지하는 사람이에요. 지금 언니는 소년원에 가 있어요."

—

8년간 소년재판을 전담하며 '호통 판사'로 이름을 알린 천종호 부장판사는 우리에게 "중학생은 가급적 소년원에 보내면 안 된다"라고 강조했다. "어린 나이에 소년원을 경험하면 그 안에서 고참들의 문화를 배우는 한편 눈치만 늘고 주눅이 들어 사회에 나와 원만히 관계를 맺기가 더 어려워진다"는 것이다. 어린 나이에 소년원을 갈수록 재비행 위험이 높아진다는 게 그의 경험에서 비롯된 생각이었다.

6호 시설에서 일하며 수천 명의 소년범을 만나온 한 선생님은 말했다.

—

"우리는 당장 눈앞의 아이가 어떤 말을 해도 실망하지 않습니다. 때로는 아무 변화가 없는 것처럼 보이기도 하죠. 하지만 아이들에게는 충분한 시간이 필요하다는 것을 알거든요.

얼마 전 10년 만에 시설을 찾아온 아이가 있었어요. 열네 살 때 잠깐 머물렀던 아이인데 가정환경도 좋지 않고 몹시 불안정해 보였죠. 그랬던 아이가 시설 아이들과 선생님들에게 줄 선물을 바리바리 들고 온 거예요. 요새 시설 생각이 자주 났다며 '자기 인생에서 시설이 없었다면'이라고 하더라고요. 눈물이 날 정도로 감격스러웠어요."

—

지금 당장 아이들이 똑같아 보여도, 소년 보호시설에서의 경험이 아이들에게 변화의 씨앗이 될 수 있다는 믿음이 느껴졌다.

보호관찰

소년재판을 받아 보호처분이 내려졌다고 모든 절차가 끝나는 건 아니다. 소년범 사후 관리를 위해 '보호관찰'을 받는 아이들도 있다. 아이들을 꾸준히 지도·감독하여 재범을 막겠다는 취지다. 문제는 이 제도의 실효성이 낮다는 것이다. 대법원 사법연감에 따르면 2019년 기준 법원에서 단·장기(4호·5호) 보호관찰 처분을 받은 소년범은 1만 2773명이었다. 그러나 보호관찰 기간에 재범하거나 보호관찰법 위반으로 다시 시설에 가는 소년들이 적지 않다.

열여덟 살 다솜은 벌써 세 번째 보호처분을 받고 시설에 왔다. 중학생 때 친구들과 조건 만남 사기를 쳤다가 소년원에 가게 됐고, 그후로는 보호관찰법 위반으로 두 번 6호 보호처분을 받았다. 보호관찰의 외출 제한 조치를 어기고 가출을 반복했기 때문이다. 시설을 들락날락하느라 학교는 일찌감치 그만뒀다.

다솜은 "도움받을 곳이 아무 데도 없었다"라고 했다. 집은 폭언·폭행을 일삼는 가족 때문에 가기 싫었고, 친구들과 사이가 틀어져 친구 집에도 갈 수 없었다. 다솜은 "정말 갈 곳이 없어서 밤에 노래방에서 잤다"라면서 "나중에야 보호관찰관에게 '그런 상황인 줄 알았으면 쉼터라도 연결해줬을 것'이라는 말을 들었다" 하고 털어놓았다.

보호관찰이 안전장치로 기능하지 못하는 배경으로는 한정된 예산과 인력 문제가 꼽힌다. 보호관찰은 애초 소년범을 위해 시작된 제도지만 성인범을 대상으로 확대되면서 현재 전체 예산의 30퍼센트만 소년을 위해 쓰이고 있다.

재범 위험성이 높은 성인 범죄자를 관리하기도 벅찬 탓에 소년 범죄자 관리는 갈수록 소홀해질 수밖에 없다. 성인범의 경우 성폭력, 미성년자 대상 유괴, 살인, 강도 사범과 가석방된 일반 사범들이 전자감독 대상자로서 보호관찰을 받는다. 특히 2014년 6월부터 강도 사범, 2020년 8월부터 가석방된 모든 사범이 전자장치를 달면서 그 규모가 급증했다. 2011년 1561명 수준이었던 전자감독 대상자는 2021년 7월 기준 8166명으로 다섯 배 넘게 늘었다. 이에 따라 법무부 보호관찰소 인력도 꾸준히 늘고 있지만 관리 대상 증가 추세를 쫓아가기엔 역부족이다. 2020년 기준 보호관찰소 직원 1인당 관리 인원은 19.1명이었다. 재범 고위험군의 이상 행동을 추적하기에도 빠듯한 형편이다. 강력 범죄가 아닌 '사고'를 치고 다니는 소년범 한 명 한 명에게 관심을 쏟기 어려운 건 어쩌면 당연한 일일지 모른다. 그러는 사이 안전망을 빠져나간 아이들에게는 또다시 위기가 찾아왔다.

8

촉법소년

소년법이 폐지된 세상

중학교 동창들과 오랜만에 연락이 닿았다. 10년도 더 지나 얼굴을 보는 우리는 전공도 직장도 제각각. 사회 초년생이란 점만 같았다. 어색할 줄 알았던 것도 잠시, 맥주 한두 잔에 옛날 이야기를 안주 삼으니 금세 흥이 올랐다.

그러다 한 친구가 눈에 띄었다. 학창 시절 그 애는 반마다 한 명씩 있는 개구쟁이였다. 수업 시간에 꼭 선생님에게 한마디씩 보태면서 딴죽을 걸고, 여자애들한테도 말을 툭툭 내뱉어 화를 돋우기 일쑤였다. 그런데 오랜만에 다시 본 그 친구는 진중하고 다정했다. 그 애는 "많이 달라졌다"라는 말에 이렇게 답했다.

—

"철이 든 거지. 그래서 옛날 친구들 만나기 부담스럽더라고. 그 애들은 아직도 나를 장난 많고 활발하던 애로 기억하는데 지금의 나는 다르니까."

—

듣고 보니 바뀐 건 그 애만이 아니었다. 나 역시 달라졌다. 학교 다닐 때 나는 즉흥적이고 여유로운 성격이었는데 지금은 조금이라도 계획이 틀어지면 쉽게 불안해진다. 성격뿐일까. 중고교 시절을 거쳐 대학생에 이르기까지, 십 대 후반에서 이십 대 초반의 나는 책 한 권, 영화 한 편에도 마음이 요동쳤고 가치관도 바뀌었다. 우리들 대부분이 그렇게 컸을 것이다. 사람은 변한다. 특히 십 대 시절의 나와 성인이 된 나는 다르다. 초등학교, 중학교, 고등학교, 대학교, 그리고 직장에서 만난 사람들이 기억하는 나는 다 다를 것이다.

바로 이 지점이 소년범에게 성인과 똑같은 죄의 무게를 지울 수 없는 이유다. 비행의 길에 들어섰더라도, 범죄를 저질렀더라도, 그 다음 순간 소년은 다른 선택을 할 가능성이 무궁무진하니까.

그 모든 가능성을 무시하고, 한순간의 선택으로 평생을 좌우하게 하는 것이 과연 옳은 일일까. 그런 고민을 하고 있을 무렵, 사십 대인 철수 씨의 사연을 접했다.

—

철수 씨는 미국 로스앤젤레스의 한인 타운에서 나고 자랐다. 아버지는 '아메리칸 드림'을 안고 미국에 건너간 이민 1세대였다. 말도, 생활도 쉽지 않았지만 희망을 안고 살아가던 시절도 잠시, 가족은 1992년 4월 LA 폭동의 직격탄을 맞았다. 미국 내 고질적인 인종차별 문제가 한-흑 갈등으로까지 커진 사건이었다. 무장한 흑인들은 가족이 운영하던 상점에 불을 질렀다. 아버지는 그들에 맞서 어떻게든 가게를 지키려 했지만, 순식간에 총탄이 날아들었다. 쓰러진 아버지를 업고 수술실 밖에서 눈물을 흘리던 열네 살 소년의 마음속에는 불길이 솟았다. 살아남으려면 강해져야 했다.

철수 씨는 총을 선택했다. 폭동 이듬해에는 한인 갱단에 들어갔다. 그 무렵 LA에는 갱단이 많았다. 흑인 갱단, 히스패닉 갱단, 한인 갱단. 이들 간 세력 다툼은 빈번했고 '당한 만큼 되갚아준다'는 것이 그 세계의 불문율이었다. 소년의 삶은 폭력으로 얼룩지기 시작했다. 그러던 어느날, 다른 갱단과 싸움이 붙었다. 소년은 당연하게 총을 들었고. 정신을 차려보니 경찰에게 체포되어 있었다. 죄목은 '살인미수'였다.

그는 열여섯 살에 인생이 결정됐다. 무기징역을 선고받고 캘리포니아 교도소에 수감됐다. 갱단에서 철수 씨와 가장 친했던 친구도 총격 사건에 함께 휩쓸려 재판을 받았다. 그러나 철수 씨보다 나이가 어렸던 친구는 징역 7년형을 선고받았다. 그 후 26년, 철수 씨에겐 교도소가 삶의 전부였다. '바깥'에서 자유롭게 살았던 시간보다 감옥에서 산 시간이 더 길다. 대학을 가고, 직장을 구하고, 가정을 꾸리는 평범한 삶은 꿈에서조차 상상할 수 없었다. 아버지의 임종도 지키지 못했다.

—

철수 씨의 이야기를 들은 건 소년범 기획이 출고될 무렵이었다. 이 사연은 우리의 기획이 던지는 물음에 확신을 더했다. 열여섯에 저지른 범죄로 한 사람의 인생 전부가 결정되는 것이 과연 정의일까? 또 다른 기회는 영영 주어져서는 안 되는 걸까?

소년범죄가 사회적 주목을 받을 때마다 소년법을 폐지하라는 주장은 끊임없이 나왔다. 우리가 기사를 쓰고, 책을 쓰는 와중에도 그랬다. 청와대 국민청원 게시판이 들끓었고 정치권이 응답했다.

상상해본다. 소년법이 폐지된 세상은 어떨까.

우선 한 가지 알아둘 것이 있다. 소년법 폐지를 주장하는 사람들이 간과하고 있는 사실이다. 바로 만 14세 미만 '형사미성년자'는 처벌하지 않는다는 법 조항이 형법에 규정돼 있다는 점이다. 즉 이 형법은 그대로 둔 채 소년법을 폐지한다면 만 14세 미만 소년은 범죄를 저지르더라도 국가에서 어떤 조치도 하지 못한 채 오히려 '법의 공백' 상태에 놓이게 된다. 따라서 소년법 폐지론자들의 주장대로 소년법이 폐지됨과 동시에 형법에 규정되어 있는 형사미성년자의 개념이 아예 사라져 나이에 관계없이 모두가 동일한 처벌을 받는다면 어떻게 될까.

—

소년법 없는 세상을 떠올리는 건 어렵지 않다. 더 많은 소년이 체포되고, 형사재판에 넘겨지고, 징역형을 선고받을 것이다. 열 살 아이도, 열다섯 살 청소년도, 스무 살 청년도, 마흔 살 중년도, 일흔 살 노인도 나이와 상관없이 모두가 죄에 상응하는 벌을 받으니, 그것을 정의라고 보는 사람들도 있겠다. 한편으로 소년법이 있었다면 보호처분을 받았을 어떤 소년들은 검찰청에서 기소유예로 풀려날 것이다. 소년법이 있었다면 소년원에 2년간 수용됐을 어떤 소년들은 법원에서 집행유예로 풀려날 것이다. 그것에 분노하는 사람들도 생겨날 것이다.

분명한 건 더 많은 소년들에게 '기회'가 사라질 것이다. 성인 범죄자들이 득실대는 교도소에서 '막내' 생활을 하면서 더 전문적이고 고차원적인 범죄를 배울 수 있는 환경에 노출될 것이다. 교도소에서 출소하면 '소년원' 딱지보다 배는 무거운 '전과자' 딱지가 붙어 학교에 돌아가기 더 어려워질 것이다. 그렇게 재비행, 재범의 유혹은 더 커질 것이다.

—

분노하는 여론과 별개로, 현실적으로도 소년법 폐지는 불가능에 가깝다는 게 많은 전문가의 의견이다. 단적으로 국제법상 문제가 발생한다. 한국은 1991년 11월 20일 유엔아동권리협약을 비준했다. 비차별, 아동 최선의 이익, 생존과 발달의 권리, 아동 의견 존중을 기본 원칙으로 하는 유엔아동권리협약은 역사상 가장 많은 나라가 비준한 인권 조약이다. 형사특별법인 소년법은 이 협약을 이행하기 위해 필수적이다.

—

유엔아동권리협약

제37조. 당사국은 다음의 사항을 보장해야 한다.

가. 어떤 아동도 고문을 당하거나 잔혹하고 비인간적이거나 굴욕적인 대우나 처벌을 받아서는 안 된다. 18세 미만의 아동이 범한 범죄에 대해서는 사형 또는 석방의 가능성이 없는 종신형 처벌을 내려서는 안 된다.

나. 어떤 아동도 위법적 또는 자의적으로 자유를 박탈당해서는 안 된다. 아동의 체포, 억류, 구금은 법에 의해 오직 최후의 수단으로서 꼭 필요한 최단기간 동안만 행해져야 한다.

다. 자유를 박탈당한 모든 아동은 인도주의와 인간 존엄성에 대한 존중에 입각해 아동의 나이에 맞는 처우를 받아야 한다. 특히 자유를 박탈당한 모든 아동은 성인과 함께 수용되는 것이 아동에게 최선이라고 판단되는 경우를 제외하고는 성인으로부터 격리되어야 하며, 예외적인 경우를 제외하고는 서신과 방문을 통해 가족과 연락할 권리를 가진다.

라. 자유를 박탈당한 모든 아동은 법률적 지원 및 다른 필요한 지원을 신속하게

받을 권리를 가짐은 물론 법원이나 기타 권한 있고 독립적이며 공정한 당국에서 자유 박탈의 합법성에 이의를 제기하고 이러한 소송에 대해 신속한 판결을 받을 권리를 가진다.

제40조

1. 당사국은 형사피의자나 형사피고인, 유죄로 인정받은 모든 아동이 타인의 인권과 자유에 대한 아동의 존중심을 강화하고, 아동의 나이에 대한 고려와 함께 사회 복귀 및 사회에서 맡게 될 건설적 역할의 가치를 고려하는 등 인간 존엄성과 가치에 대한 의식을 높일 수 있는 방식으로 처우받을 권리가 있음을 인정한다.

3. 당사국은 형사피의자, 형사피고인, 유죄로 인정받은 아동에게 특별히 적용할 수 있는 법률과 절차, 기관 및 기구의 설립을 추진하도록 노력하며, 특히 다음 사항에 대해 노력해야 한다.

가. 형법 위반 능력이 없다고 추정되는 최저 연령의 설정

나. 적절하고 바람직한 경우, 인권과 법적 보호가 충분히 존중된다는 조건하에 이러한 아동을 사법절차에 의하지 않고 다루는 조치

—

만 14세 미만 촉법소년은 죄에 대한 형사상 책임을 지지 않는 '형사미성년자'로서 보호받아야 하고, 만 18세 미만 범죄소년은 협약에 따라 사형을 제외한 형사처벌을 받아야 한다. 국회에서 비준된 국제조약은 국내법과 동일한 효력을 지닌다. 즉 소년범에게 기회를 주자는 건 우리가 국제사회의 일원으로서 한 약속이기도 하다는 뜻이다.

촉법소년 논란

—

'청소년이란 이유로 보호법을 악용하는 잔인무도한 청소년들이 늘어나고 있습니다. 반드시 청소년 보호법*은 폐지해야 합니다.'

—

2017년 9월 25일 국민 20만 명의 동의를 처음 달성한 청와대 국민청원 '1호 답변'은 소년법 폐지에 대한 것이었다. 청원인은 당시 사회적 공분을 자아낸 부산 여중생 집단 폭행 사건을 비롯해 밀양 성폭행 사건, 대전 여중생 자살 사건 등을 거론하면서 "소년법 폐지를 공론화해달라"고 호소했다. 이 청원 글은 9월 3일 게시된 지 3주 만에 20만 명의 동의를 얻었고, 최종적으로 29만 6330명이 참여했다.

한국 사회에서 소년법 논쟁은 곧 '촉법소년 연령' 논란이다. 형사 미성년자에 해당하는 만 10세 이상~14세 미만 촉법소년은 형사책임능력이 없기 때문에 형사처벌을 받지 않는다. 형사처벌을 받을

• 소년법을 잘못 쓴 것으로 추정된다.

239

| 소년범 분류 |

범법소년	만 10세 미만	형사처벌·보호처분 불가
촉법소년	만 10세 이상~만 14세 미만	형사처벌 불가 보호처분 가능
범죄소년	만 14세 이상~만 19세 미만	형사처벌·보호처분 가능

수 있는 범죄소년(만 14세 이상~19세 미만)과 구분돼 범죄를 저질렀다고 해도 검찰을 거쳐 기소되지 않고 가정법원으로만 보내진다.

많은 사람들이 촉법소년 처벌을 강화해야 한다고 주장하는 이유는 간단하다. 과거에 비해 아이들이 달라진 만큼 처벌 연령 기준도 바뀌어야 한다는 것이다.

—

'청소년들의 사춘기 연령대는 더욱더 어려지고 있고 신체 발달, 정신적 발달이 빨라지고 있습니다. 모든 면에서 그들을 어리다고 할 수만은 없는 시대가 왔습니다. 어리고 힘없는 피해자 청소년들의 마음을 생각해서라도 소년법의 폐지를 공론화해주시기를 간곡히 바라고 청원합니다.'

—

이에 대해 당시 조국 청와대 민정수석은 이렇게 답했다.

—

"소년법과 관련해서 '형사 미성년자 나이를 한 칸 혹은 두 칸으로 낮추면 해결된다' 그건 착오라고 생각합니다. 보다 복합적인 접근이 필요하죠. 일차적으로는 예방이 필요하지만, 범죄 예방은 감옥에 넣는 것보다 더 어려운 문제입니다. 국가뿐만 아니라 사회, 가족이 힘을 합해서 여러 가지 제도를 돌려야 범죄 예방이 되는 것입니다. 진짜 해결 방법은 소년법에 있는 열 가지 보호처분의 종류를 활성화하고 실질화하고 다양화해서 소년범들이 사회로 제대로 복귀하도록 만들어주는 게 더 좋은 것이라고 생각하고 있습니다."

—

답변의 요지는 두 가지다.

첫째, 촉법소년 기준을 만 14세에서 만 13세로 낮춘다고 해서 소년범죄가 줄지는 않는다.

둘째, 처벌보다 범죄 예방에 초점을 둔 접근이 필요하다.

김수현 당시 청와대 사회수석은 소년범 문제가 "하루 이틀 만에 생긴 일도 아니고 하루 이틀 만에 해결될 일도 아니다"라고 했다. 그러면서 "보다 포용적인 사회로 가는 것은 우리 사회의 숙제"라고 덧붙였다.

그러나 그 '숙제'는 국민적 공감을 얻는 데 실패한 것 같다. 소년법 폐지, 촉법소년 연령 하향 국민청원은 그 후로도 소년범죄가 여론의 주목을 받을 때마다 올라왔고, 여전히 수많은 동의를 받고 있다.

사람들의 통념 속에서 소년범은 영악하다. 자신이 형사처벌을 받지 않는다는 점을 악용해 마음껏 범죄를 저지르고 "어차피 저 기소 못 하잖아요?"라고 뻔뻔하게 말하며 경찰서를 빠져나간다. 물론 그런 소년도 있다. 우리가 만난 아이들 중에서도 "소년법 덕분에 살

왔다"며 자신의 범죄를 뉘우치지 않는 경우가 분명 있었다.

다만 우리가 주목한 건 '소년범죄의 양상'이었다. 사람들이 분노하는 것처럼 강력 범죄를 저지르는 촉법소년의 수는 생각보다 많지 않다. 처벌 가능 연령을 낮춘다고 해서 매년 감옥에 보낼 수 있는 '악마 소년'이 100명, 200명씩 늘어나는 게 아니라는 뜻이다.

소년범죄에 대한 사람들의 인식과 관련해 흥미로운 조사 결과가 있다. 한국리서치가 2019년 4월 전국의 만 19세 이상 성인 남녀 1000명을 대상으로 실시한 조사다. '전체 범죄 중 청소년 범죄가 차지하는 비중이 높다'라는 문항에 대해 '그렇다'라고 답한 비율은 80퍼센트였다.

그러나 응답자들에게 실제 소년범죄 통계자료를 제공한 뒤 같은 질문을 다시 했더니 결과가 달라졌다. '그렇다'라는 응답 비율이 65퍼센트까지 줄어들었다. '현재 우리 사회에서 미성년자가 저지르는 범죄에 대해 어떻게 생각하느냐'는 문항에 '매우 심각하다'고 응답한 사람의 비율도 자료 제시 전후로 48퍼센트에서 37퍼센트로 떨어졌다.

대부분의 사람들이 청소년 범죄의 실상에 대해 제대로 알지 못하면서 과도하게 우려하고 있다는 점이 드러난 것이다. 극단적인 소년범죄가 과잉 대표돼 여론이 더 곱지 않은 시선을 보내게 됐을 가능성을 유추할 수 있는 지점이다.

더불어, 모든 소년은 나이를 먹는다. 나이를 먹고 촉법소년에서 범죄소년이 됐다고 해서 하루아침에 범죄의 굴레를 벗어나는 것도

| 국가별 형사미성년자 연령 기준 |

만 7세 미만	인도, 파키스탄
만 10세 미만	영국, 호주, 뉴질랜드, 스위스
만 12세 미만	캐나다, 네덜란드, 브라질, 멕시코
만 13세 미만	프랑스
만 14세 미만	한국, 일본, 독일, 이탈리아, 러시아
만 15세 미만	스웨덴, 노르웨이, 핀란드
만 16세 미만	포르투갈, 아르헨티나

아니다. 아이들은 "만 14세 전까지만 막 살고 그 후에는 바르게 살아야지"라는 사고방식으로 살지 않는다.

언젠가는 그 기준을 조정할 수도 있다. 해외 사례를 보면 한국과 같이 만 14세 이상부터 형사처벌 대상이 되는 국가는 일본과 독일, 이탈리아, 러시아 등이다. 프랑스(만 13세)나 캐나다(만 12세), 영국(만 10세) 등은 우리보다 기준 연령이 낮지만, 스웨덴(만 15세)과 핀란드(만 15세), 포르투갈(만 16세) 등은 우리보다 높다.

문제는 우리가 촉법소년 연령을 한두 살 더 낮추고 높이는 차원의 논의에만 너무 많은 시간을 소모하고 있다는 것이다. 그것만이 소년사법제도 문제의 전부가 아니다. 지금 필요한 것은 소년범을 어떻게 하면 줄일 수 있을지에 대한 사회적인 차원의 고민이다. 가해자의 반성과 변화를 이끌어내는 방법, 피해자의 피해 회복을 돕는 방법, 우리 소년사법체계가 소년 가해자와 피해자의 양산을 막기 위해 범죄 예방 기능을 '잘' 하도록 하는 방법 말이다.

소년법 개정 논의

소년사법제도의 쟁점을 따져보기에 앞서, 그간 한국의 소년법과 관련한 입법 논의를 돌아볼 필요가 있다. 기존 담론은 엄벌주의 관점에서 촉법소년 연령 기준을 낮추고 소년 범죄자에 대한 처벌을 강화하자는 내용이 주를 이룬다. 비슷한 법안이 발의되고, 폐기되고, 다시 발의되고, 다시 폐기되고……. 이제는 이러한 무한 반복의 굴레에서 벗어나야 할 때다.

소년법이 처음 제정된 것은 1958년 4대 국회 때 일이다. 그보다 앞서 1949년 제헌 국회에서 소년법이 처음 발의된 이후 21대 국회(2021년 9월 기준)에 이르기까지 모두 93건의 소년법 제·개정안이 발의됐다. 소년법이 처음 만들어졌을 때는 만 20세 미만을 소년으로, 만 12세 이상~만 14세 미만을 촉법소년으로 분류했다.

17대 국회가 들어서면서 소년법 개정 논의가 활발해졌다. 2007년 12월 개정안이 시행되면서 현행 연령 기준이 확립됐다. 촉법소년 연령은 기존 '만 12세 이상'에서 '만 10세 이상'으로 낮아졌고, 범죄소년 연령은 기존 '만 20세 미만'에서 '만 19세 미만'으로 낮아졌다.

| 17~21대 국회 '소년법 개정안' 발의 건수 |

	17대	18대	19대	20대	21대
발의 건수	7	7	16	42	13
-가결	2	0	3	1	-
-폐기	5	7	13	41	-

2021년 9월 기준

특히 소년범죄 사건이 사회적 이슈로 떠오르면 법안 발의가 눈에 띄게 증가하는 양상을 보였다. 소년범에 대한 부정적인 여론을 반영한 법안이 쏟아진 것이다.

2004년 경남 밀양시에서 발생한 집단 성폭행 사건이 뒤늦게 알려지면서 2007년 소년법 개정의 방아쇠가 됐다. 20대 국회(2016~2020)에서는 42건의 개정안이 발의됐다. 역대 다른 국회와 비교했을 때 눈에 띄게 많다. 이 시기에는 청소년이 저지른 강력범죄가 잇따라 보도되면서 사회적 공분을 샀다. 특히 가장 많은 개정안이 쏟아진 2017년에는 인천 초등학생 살인 사건이 있었다. 만 16세 김 모 양과 만 18세 박 모 양이 공모해 초등학교 2학년 피해자를 유괴해 살해한 뒤 시체를 훼손한 사건이다. 2017~2018년 전국 각지에서 집단 폭행과 집단 성폭행 사건이 잇따라 불거졌고, 피해자가 사망한 경우도 있었다. 소년범 흉포화를 우려하고 엄벌을 원하는 시민들의 목소리는 더욱 거세졌다.

| 연도별 법안 발의 건수 및 소년범죄 주요 사건 |

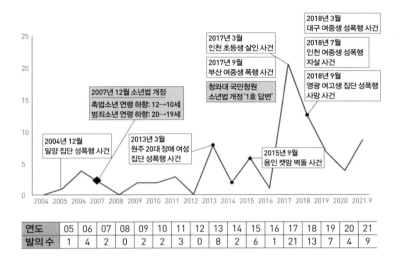

연도	05	06	07	08	09	10	11	12	13	14	15	16	17	18	19	20	21
발의 수	1	4	2	0	2	2	3	0	8	2	6	1	21	13	7	4	9

엄벌주의 여론에 기댄 단순하면서도 속 시원한 대책이 쏟아졌다. 유사한 내용의 법안들이 발의자 이름만 바뀐 채 발의됐다. 법안을 주제별로 분석해본 결과는 다음과 같다.

전체 발의된 법안의 절반이 처벌을 강화하고 촉법소년과 범죄소년의 연령 기준을 낮추는 내용을 담고 있었다. '연령'과 관련해서는 촉법소년 연령 기준을 만 14세에서 만 12세로 낮추자는 것이 대부분이었다. '처벌 강화'와 관련해서는 사형이나 무기징역형에 처할 만한 죄를 범한 경우 15년 이상 유기징역에 처하도록 하는 현행 기준을 높여 20~25년 이상 유기징역에 처할 수 있도록 하자는 법안들이 있었다. 또 성폭력이나 살인 등 강력 범죄를 저지른 촉법소년

| 20대 국회에서 발의된 소년법 개정안 42건 주제별 분석(중복) |

형량 상향 등 처벌 강화	12건	우범소년 삭제·정비	3건
촉법·범죄소년 연령 기준 하향	8건	보호시설 처우 개선	3건
소년재판 절차 개선	8건	보호처분 개선	3건
검·경 소년사건 처리 절차 개선	4건	구속영장 제한 삭제	2건
피해자 지원	4건	비행예방체계 개선	2건

은 형사처벌을 받을 수 있도록 예외 규정을 신설하는 법안도 있었다.

소년범의 재사회화를 돕고 범죄를 막기 위한 비행예방체계 개선, 보호처분 및 보호시설 개선과 관련된 법안 발의는 2~3건에 그쳤다. 피해자 지원과 관련된 법안도 4건뿐이었다. 법 개정 논의가 소년범 처벌에 집중한 반면 교화나 예방을 위한 제도 개선에는 소홀했다는 뜻이다. 그마저도 1건을 제외한 모든 법안이 폐기됐다.

소년사법제도의 쟁점들

"촉법소년 연령을 13세로 낮출 수 있다는 회원국(대한민국)의 정책안에 우려를 표합니다. 현행대로 유지해 14세 미만 아동을 범죄자로 취급하지 않을 것을 권고합니다." (2019년 9월 유엔아동권리위원회가 한국 정부에 보낸 권고안)

유엔아동권리위원회는 소년범에 대한 국내 여론을 우려한다. 한국의 아동권리협약 이행 상황을 점검하며 밝힌 권고 사항에서 위원회는 촉법소년 연령 하향 논란을 일축했다. 그들이 걱정하는 한국 소년사법제도의 문제는 따로 있다. 현재 국내에서 운영되는 소년 보호시설의 열악한 환경과 낮은 실효성, 불충분한 교육·의료 지원, 수사·재판 과정에서의 권리 침해, 높은 구금률 등이다.

1. 우범소년, 당신이 모르는 '소년범'

  "범죄를 저지르지 않은 우범소년의 구금을 규정하는 관련법에 우려를 표한다."

소년 보호시설에서 아이들과 인터뷰를 할 때 반드시 물어야 하는 질문은 '시설에 어떻게 왔느냐'였다. 무슨 범죄를 누구와 어떻게 저질렀냐는 뜻이다. 그럴 때 간혹 당혹스러운 대답이 돌아왔다.

—

"전 범죄 안 저질렀는데요. 그냥 우범이라서 여기 보내졌어요."

—

범죄가 우려된다는 뜻의 '우범'. 아직 범죄행위를 저지르지 않았지만 술을 마시거나 가출을 하는 등 비행을 일삼는 아이들이 주로 우범소년으로 분류된다.

법무부의 우범소년 실태 분석 결과에 따르면 2020년 1~10월 서울소년분류심사원에 입원한 소년 1937명 중 13.8퍼센트에 해당하는 267명이 우범소년이었다. 전체 소년범을 성별로 구분하면 남성이 압도적으로 많은 것과 달리, 우범소년은 남성(119명)보다 여성(148명)이 더 많았다.

267명의 우범소년 중 50명은 다른 범죄를 저지르지 않고 오직 '우범성'만으로 분류심사원에 위탁됐다. 범죄를 저지르지도 않았는데 한 달간 수용 생활을 하게 된 것이다. 이중 일부는 소년 보호시설로 보내졌다.

우리가 6호 보호처분 시설에서 만난 중학생 승연도 그렇게 온 아이였다. 승연에게 집은 '불안정한 곳'이었다. 엄마 집, 아빠 집, 할머니 집, 다시 엄마 집, 고시원을 거쳐 닿은 곳이 시설이었다.

초등학생 때 이혼한 부모 모두 아이를 맡는 것을 꺼렸다. 승연은

| 소년법에 규정된 '우범소년' |

소년법 제4조 3항

－우범소년: 다음 사유가 있고 그의 성격이나 환경에 비추어 앞으로 형벌 법령에 저촉되는 행위를 할 우려가 있는 10세 이상인 소년

①집단적으로 몰려다니며 주위 사람들에게 불안감을 조성하는 성벽(性癖)이 있는 것

②정당한 이유 없이 가출하는 것

③술을 마시고 소란을 피우거나 유해환경에 접하는 성벽이 있는 것

짐짝이 된 듯한 기분을 견디면서 누군가 자신을 데려가주기를 기다렸다. 처음에는 엄마가 맡았지만, 승연은 혼자였다. 초등학생 아이는 밥도 혼자 먹어야 했고, 외박하는 엄마 때문에 늦은 밤을 홀로 지새워야 했다. 그 사실을 알게 된 아빠가 승연을 데려갔다. 하지만 이미 재혼한 아빠는 새 동생을 돌보느라 승연에게 신경 쓸 여유가 없었다. 다시 자연스럽게 엄마 집으로 떠밀렸다.

집이 바뀔 때마다 학교도 바뀌었다. 당연히 선생님이나 친구들에게도 쉽게 맘을 붙일 수가 없었다. 결국 엄마는 승연에게 월세를 내줄 테니 고시원에서 살라고 했다. 이제 갓 중학생이 된 아이가 생활하기엔 너무나 열악했다. 공용 주방에서 제공되는 밥과 김치로 대충 끼니를 때우기 일쑤였다. 친구들과 밤늦게 길거리를 배회하기 시작했다. 가끔은 술을 마셨고 어른들의 눈총을 받으며 공원에

서 큰 소리로 떠들었다. 그 끝은 결국 경찰서였다.

—

"고시원에 어차피 나 혼자 살잖아요. 그래서 늦게 들어가기도 하고 가끔은 안 들어가고 친구 집에서 자기도 해요. 그런데 나 혼자 사는 집에 안 들어간 게 가출이에요? 경찰에서 이게 가출이고 나는 우범소년이라 재판을 받아야 한대요. 아직도 이해가 안 돼요. 나는 왜 여기로 오게 된 거예요?"

—

나는 승연의 마음 한구석에 자리 잡은 억울함이 걱정됐다. 폭행도 절도도 무면허 운전도 하지 않은 이 아이에게 '소년범' 딱지를 붙인 어른들, 어떤 상황인지도 모른 채 그저 손가락질하는 어른들이 얼마나 원망스러울까. 물론 소년법은 소년을 더 큰 범죄로부터 '보호'하기 위해 소년 보호처분을 결정한다. 이를테면 보호자를 대신할 성인이 있는 시설에서 생활하는 게 아이에게 더 좋다는 것도 그중 하나다.

승연은 소년 보호시설에서 차츰 안정감을 느꼈다. 돌아갈 집도, 환대하는 가족도 없는 바깥보다 자기에게 관심을 두고 애정을 쏟는 선생님이 있는 시설이 더 편안했다. 승연은 1년 동안 시설 생활을 마친 뒤에도 자발적으로 연장을 요청해 1년을 더 머물렀다. 승연은 퇴소하고 고등학교에 진학해 학업을 이어가고 있다.

하지만 여전히 질문은 남아 있다.

'우범소년'이라는 딱지를 붙여 관리하는 것이 과연 최선이었을까.

| 소년사건 처리 절차 |

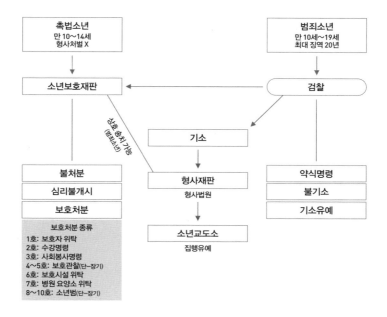

2. '소년이라서' 수사·재판 과정에서 침해되는 권리

"사법절차상 법적 조력이나 지원의 미비에 우려를 표한다."

소년들은 일반 형법 대신 형사특별법인 소년법의 적용을 받는다. 미성년자를 성인 범죄자와 다르게 다루고 보호한다는 명목이지만, 이 과정에서 오히려 성인이었다면 보장됐을 권리가 침해되기도 한다.

미결수 신분의 구금 기간이 대표적이다. 미결수란 아직 형사재판의 결과가 확정되지 않은 신분으로 구속된 사람을 말한다. 성인의 경우 미결수 신분으로 구금된 기간은 추후 재판에서 형량이 확정된 뒤에 소급된다. 가령 절도를 저질러 사전 구속된 범죄자가 구치소에서 6개월간 갇혀 지내며 형사재판을 받다가 2년 실형을 선고받으면, 6개월을 빼고 남은 1년 6개월만 수감 생활을 하면 된다.

소년은 다르다. 14세 이상 19세 미만의 범죄소년이 6개월간 구치소에서 형사재판을 받다가 다시 소년부 재판으로 송치돼 2년간 소년원 생활을 하게 되면 앞선 구금 기간은 보호처분 기간으로 포함되지 않는다.

이 때문에 형사재판과 소년재판을 오가며 재판을 받는 아이들은 장기간 구금으로 교육 기회를 놓치기도 한다. 그래서 "차라리 전과가 남더라도 형사재판에서 집행유예로 풀려나는 게 낫다"고 말하는 아이들도 있다.

다음의 사례를 보자.

열여섯 살의 형철, 진호, 수용은 같은 가출팸 멤버다. 이들은 때때로 차를 같이 훔쳐 무면허 운전을 하고, 후배들의 돈을 뺏고, 편의점을 털었다. 대부분 고만고만한 사고를 쳤지만 때때로 무게가 다른 죄를 짓기도 했다. 진호는 무면허 운전을 하는 친구 차에 같이 탔다가 교통사고가 나 차를 버리고 도주했고, 수용은 형들을 따라 금은방에서 귀금속을 몇 번 털었다. 그해 가을, 세 사람은 경찰에 붙잡혔다. 형철은 가정법원 소년부로 넘겨졌고 진호와 수용은 기소돼 형사재판을 받게 됐다.

| 소년사건 처리 절차 |

형철	진호	수용
경찰 검거		
소년부 법원 송치	검찰 송치	
소년분류심사원(1개월)	기소	
소년부 법원, 9호 처분 결정	형사법원, 소년부 법원 송치	형사법원, 집행유예 선고
소년원(6개월)	소년분류심사원(1개월)	
	소년부 법원, 10호 처분 결정	
	소년원(2년)	

- 형철은 소년분류심사원에서 한 달간 머물면서 재판을 받았고 9호 처분(소년원 6개월)을 받았다. 형철은 열일곱 살 여름에 소년원을 나왔다.
- 형사재판을 받은 수용은 열일곱 살 봄에 집행유예로 풀려났다.
- 진호는 구치소에서 형사재판을 받다가 재판부가 '소년부 송치' 결정을 내리면서 다시 소년재판을 받았다. 이후 소년분류심사원에 한 달간 머물면서 재판을 받았고, 10호 처분을 받아 소년원에 1년간 머물게 됐다. 진호는 열여덟 살 가을에 소년원을 나왔다.

소년사법 절차를 거치면서 아이들의 운명은 엇갈렸다. 형사처벌을 받은 수용은 '전과'가 남았지만 가장 빨리 사회로 풀려났다. 진호와 형철은 형사처벌 전과가 남지는 않았지만, 소년재판을 받고 보호처분 시설에 위탁되면서 더 오랜 시간 가족과 친구 곁을 떠나 있었다. 같은 죄를 저지르고도 저마다 다른 처분을 받는 이 과정이 억울하게 느껴지지 않으려면 아이들에게 보호처분이 '벌'이 아닌 '기회'라는 점을 충분히 설명해야 한다. 실제로 보호처분 집행 과정에서 교육과 보호 기능도 충실하게 이뤄져야 한다.

형사재판에서는 국선변호인이 필수적으로 제공되는 반면, 소년부 재판에선 제한적으로만 이용할 수 있는 점도 문제로 꼽힌다. 현행법상 소년부 재판을 기다리는 과정에서 가정이 아닌 소년분류심사원에 위탁되는 경우에만 국선보조인의 도움을 받을 수 있다.

민주사회를 위한 변호사모임 여성인권위원회 박인숙 변호사는 "소년법이 소년범에게 억울함을 야기하는 법이 되지 않으려면 제도 개선이 필수적이다"라고 강조했다.

아이들은 자신이 행사할 수 있는 방어권에 대해 제대로 이해하지 못하는 채로 수사를 받기도 한다. 박 변호사는 말했다.

—

"방어권은 반드시 보장돼야 합니다. 그렇지만 홀로 조사를 받으면서 허위 진술을 강요당하는 등 현실은 열악합니다. 범죄에 적극 가담하지 않았는데 폭력이나 절도 현장에 함께 있었다는 이유로 주범과 같은 처분을 받는 경우도 있습니다. 이러다 보니 (이러한 과정을 겪는) 아이들로서는 억울함이 쌓이게 되는 거죠."

법무부 소년보호혁신위 권고 사항

소년사법제도의 개선점을 모색하는 데 참고할 만한 자료가 있다. 2020년 4월부터 2021년 4월까지 1년 동안 운영된 법무부 산하 소년보호혁신위원회가 발표한 권고안이다. 소년보호혁신위원회는 학계, 법조계, 종교계, 시민단체에서 전문가 20여 명이 머리를 맞대 소년사법제도 전반을 톺아보자는 취지로 탄생했다. 출범 당시 한 위원에게 "무엇을 가장 중점적으로 논의할 것이냐"고 물었다. 그는 답할 수 없다며 한숨을 내쉬었다. 손대야 할 지점이 너무 많아 하나를 콕 짚기 어렵다는 것이었다. 그 말대로 위원회가 내놓은 권고안은 소년법과 시설 내 처우, 사회 내 처우에 대한 다양한 쟁점을 다뤘다.

1년 동안 위원회는 모두 여덟 차례에 걸쳐 열다섯 개의 권고안을 발표했다. 권고안을 보면 소년범이 머무는 시설 문제부터 경찰과 검찰 조사 과정에서의 개선점, 소년법 자체를 손봐야 하는 굵직한 제도 개선책까지, 그 범주가 무척 넓다. 그만큼 고칠 데가 많다는 뜻이다.

| 소년보호혁신위원회 권고안 |

	문제점	권고 내용
1차 (20.7.13)	현행 음성 감독 통한 야간 외출 제한 명령 감독 방식은 인권침해 소지	보호관찰 청소년 야간 외출 제한 명령 집행 방식 개선
	지나치게 낮은 소년원 급식비 단가	소년원 급식비 현실화 (1식 2496원 수준으로 단계적 인상)
2차 (20.7.23)	촉법소년·우범소년 정확한 통계 부재	경찰·법원과 협의해 비행 통계 개선
3차 (20.11.6)	보호자 교육 활용 저조	보호자 교육 활성화 및 운영 내실화
	검찰 기소 처분 전 사전 조사 미흡 조건부 기소유예 활용 저조	검사 결정 전 조사 확대를 위한 조사 내실화 및 신속화 조건부 기소유예 확대
4차 (20.11.20)	처분 결정 전 임시 조치 과정에서 인권침해 소지	임시 조치 제도 개선 -소년 전담 미결구금시설 도입 -이의 제기 절차 마련 수사·조사 과정에서 피해자 보호조치 도입
5차 (20.12.30)	우범소년 제도의 인권침해 소지	우범소년 규정 폐지 위기청소년에 대한 복지적 개입 강화
6차 (21.2.17)	소년원생 외부 호송 시 인권침해 소지	소년 호송 조사 방식 개선 -검찰·경찰의 소년 보호시설 방문 및 비대면 조사 활성화 -수갑·포승 등 장구 제한적 사용
	대부분 소년원 비인가 학교로 운영, 학업 기회 박탈	소년 보호시설 학교 교육 정상화
7차 (21.3.10)	위기 청소년 전문적 상담 지원 미약	보호관찰 청소년 상담 지원 강화
	소년 보호기관 내 위험한 도구, 인권침해적 시설	소년 보호기관 인권 친화적 시설 개선 -기본 설비와 가구 주기적 점검 -공용 샤워실 내 개별 부스 설치
	소년 보호시설 과밀 수용 및 다인실 수용으로 인한 인권침해 소지	소년 보호시설 생활실 소규모화 -1인 생활실 원칙 확립. 부득이한 경우 3인 이내 다인실. -1인당 면적 기준 확보 위해 시설 보강

	소년범 정신 질환 실태 파악 및 체계적인 의료 서비스 제공 부족	소년원 입원 청소년 정신건강 전수 조사
8차 (21.4.13)	가정폭력 피해 방치되는 소년범	소년사건 처리 시 학대 피해 아동 인지 및 보호 방안 마련 −소년 보호시설 종사자에게 아동학대 범죄 신고 의무 부여
	죄질 가벼운 소년범에 대한 낙인	경미 소년사건에 대한 경찰 다이버전 제도 활성화

시설 관련해서는 소년원 급식비 문제(1차)부터 소년범의 자해에 사용될 수 있는 위험한 도구들, 칸막이가 없는 공용 샤워실 문제(7차)가 지적됐다. 보호소년 처우에 관한 법률에 따르면 소년원과 소년분류심사원에 두는 생활실은 한방에 최대 네 명까지 수용해야 한다. 그러나 과밀 수용 문제가 지적된 일부 수도권의 시설에서는 한방에서 열 명이 넘는 소년들이 함께 생활하는 경우도 발생한다. 위원회는 시설을 보강해 1인당 시설 면적 기준(1인실 8.8제곱미터, 다인실 6.6제곱미터)을 준수할 것을 권고(7차)했다.

소년범의 수사 및 재판 과정에서 인권을 보호하기 위한 조치들도 눈에 띈다. 경찰 수사 단계에서 경미한 소년사건에 대해 다이버전 제도를 활성화하라는 권고안(8차)이 대표적이다. '선도조건부 훈방'을 의미하는 경찰 다이버전은 소년 전문가로 구성된 선도심의위원회의 판단에 따라 소년범에 대한 세 가지 처분(훈방, 즉결심판,

입건)을 하는 제도다.

검찰의 결정 전 사전 조사를 활성화하고 조건부 기소유예 처분을 늘리도록 권고(3차)한 것도 마찬가지로 죄질이 약한 소년범에 대해서는 한 번 더 기회를 주자는 취지로 풀이된다. 사건 처리 과정에 소요되는 시간을 줄여 소년범이 학교와 사회로 조속히 돌아갈 수 있도록 하기 위해서다.

아직 처분이 결정되지 않은 소년을 구금할 때는 성인과 분리된 소년 전담 미결구금시설을 이용하도록 하거나(4차), 소년 보호시설에 수용된 소년이 검찰이나 법원에 불려 다닐 때는 수갑이나 포승과 같은 장구를 제한적으로 사용하도록 하는 방안(6차)도 권고됐다.

실질적인 상담과 교육, 치료 지원 확대도 필요하다. 소년원에 입소한 청소년을 대상으로 정신건강 전수조사를 하라는 권고안(7차)은 정신 질환이 있는 소년 범죄자 실태를 파악하고 체계적인 관리를 하기 위한 시발점이다. 보호관찰 처분을 받은 소년들에 대한 전문적인 상담 지원(7차)은 물론 보호자 교육 활성화(3차)도 재범 위험성을 낮추는 데 도움이 될 것이다. 교육부에서 정식 인가를 받지 않은 학교를 운영하는 일부 소년원에서 짧게는 6개월, 길게는 2년간 머물면서 학업 중단 위기를 겪는 소년범들을 위해 소년 보호시설 내 정규 교육 과정 정상화(6차)도 반드시 개선돼야 할 점이다.

무엇보다도 가장 주목할 부분은 지난해 11월 발표된 '우범소년 폐지' 권고안이다.

□ 권고 사항

가. 형사적 개입의 근거로 삼고 있는 우범소년 규정 폐지

○ '죄를 범할 우려'만으로 사법재판에 따른 처분을 부과하는 것은 연령을 이유로 하는 차별적 처우이며, 실제로 죄를 범한 촉법소년, 범죄소년과 동일한 보호처분을 적용하는 것도 평등 원칙에 반함

○ 무엇보다 보호자, 학교장, 시설의 장의 우범소년에 대한 통고는 판단 기준에 자의성이 개입할 여지가 높고, 이러한 우범소년 개념의 불명확성은 형사법 체계에 부합하지 않음. 가출 소년, 학교폭력 가해 학생 등에 대한 보호자와 학교장, 경찰서장의 협의로 우범 제도가 오남용되는 사례도 발생하고 있음

○ 이에 우범소년에 대해서는 국가의 복지적 접근 필요성을 확인하며, 촉법·범죄소년에 해당하는 소년에 대해서는 적정한 소년사건 처리 절차를 통해 처우를 차별화하는 것이 타당함

출처: 소년보호혁신위원회 제5차 권고 관련 법무부 보도자료 (20.12.30)

법무부 소년보호혁신위원회는 '우범' 낙인이 찍힌 위기 청소년들에 대해 사법적 접근이 아닌 복지적 접근을 해야 한다는 입장을 냈다. 범죄의 우려만으로 이미 범죄를 저지른 소년과 마찬가지로 보호처분을 받을 수 있는 현행 제도는 인권침해적이라는 이유에서다. 앞서 국가인권위원회(2014)와 유엔아동권리위원회(2019)도 한국 정부에 같은 권고를 했다. 정부 산하 위원회에서 이를 받아들여

같은 목소리를 낸 것은 그 의미가 크다. 위원회는 경찰청, 법무부, 보건복지부, 여성가족부, 지자체가 함께 범정부적 협력을 하면서 위기 청소년에 대한 안전망을 만들어야 한다고 강조했다.

인터뷰_오창익 인권연대 사무국장

인권연대 오창익 사무국장은 소년보호혁신위원회 위원으로 1년 간 활동하며 소년범죄 문제 해결을 위한 쓴소리를 아끼지 않았다. 1년 동안의 활동을 돌아보며 그는 "소년 보호와 관련한 관심을 환기시킨 건 좋지만, 더 큰 성과를 내지 못한 건 안타깝다"라고 평가했다.

오 국장은 소년범에 대한 사회적 여론이 항상 '처벌 강화'에 머무는 데 큰 우려를 드러냈다.

—

"범죄에 대해 강력히 응징해야 한다는 여론은 언제나 높습니다. 그래서 형사사법은 무엇보다 감정을 배제하고 이성적으로 접근해야 하지요. 소문처럼, 인식처럼 범죄가 정말 흉포해졌고 조직화됐고, 지능화됐는지 차근차근 따져야 한다는 뜻입니다. 크고 작은 소년범죄가 일어날 때마다 강력한 처벌을 주문하는 목소리는 인터넷 공간 등에서 차고 넘치게 많았지만, 차분하게 소년범죄를 분석하고 원인을 따져보고 대안까지 고민해보는 경우는 매우 드물었습니다.

그러나 한국에서 실제로 모든 강력 범죄는 빠른 속도로 감소하고 있습니다. 살인, 강도, 폭행 등 범죄 자체가 세계적으로 유례를 찾아보기 힘들 정도로 빨리 줄고 있어요. 치안이 안정된 국가죠.

그런데도 엄벌 여론이 힘을 얻는 건 언론의 자극적인 보도와 영화, 드라마 등의 영향이라고 봅니다. 드라마 한 편만 봐도 한국 사회는 범죄의 온상인 것 같잖아요."

—

오 국장은 대중의 잘못된 인식을 바꾸는 것도 중요하지만, 실제 관련법을 만들고 다루는 정책 담당자들의 전향적인 태도가 필요하다고 강조했다.

—

"선거를 앞두고 정치계 일각에서는 또 소년범 처벌 강화를 내세우고 있어요. 심지어 유력 대선 주자가 사형 집행을 많이 하면 소년범죄가 줄어든다는 식의 극단적인 발언까지 하죠. 전형적인 '싸구려 포퓰리즘'이라고 봅니다. 경계하고 또 경계해야죠."

—

혁신위는 코로나19 등으로 현장 활동이 어려운 상황 속에서도 눈에 띄는 권고안을 여럿 내놨다. 그중 주목해야 할 것은 5차 권고안의 '우범소년 폐지'다.

이에 대해 오 국장은 "우범소년 관련 규정은 범죄를 저지를 가능성이 있다는 이유만으로 아이들에게 불이익을 준다는 점에서 독소 조항"이라며 "명백한 차별이자 낙인 효과이고, 소년범죄 예방에 도움이 되지 않는다"라고 지적했다.

특히 그는 소년범에 대한 처벌 강화를 주장하기 전에 현재 운영되는 소년 보호시설의 열악한 환경부터 고쳐야 한다고 강조했다.

—

"소년원은 모두 '학교'라는 간판을 달고 있습니다. 소년원에서 지낸 기간이 학력으로 편입될 수 있기도 하고요. 하지만 소년원 중 실제 학교로 역할을 하는 곳은 한두 곳에 불과합니다. 청소년에게 기본적으로 필요한 '교육'은 등한시하고, 어른들이 보기에 좋은 제과 제빵이나 바리스타 과정 위주로 관심을 기울이죠. 그렇다 보니 아이들은 당연히 학교로 돌아가기 어렵다고 합니다. 1~2년간 국영수 등 기본 학습을 놓으니 정규 교육과정을 따라잡을 수가 없다는 거죠.

또래 청소년에 비해 먹는 것, 자는 것도 모두 부족합니다. 소년원은 한마디로 교도소보다 열악합니다. 소년원 급식 수준은 참담한데, 간식을 통해 영양을 보충하는 것도 차단되어 있습니다. 어떤 간식도 먹을 수 없으니 밤새 배고픔을 달랠 길은 급식 시간에 밥을 잔뜩 먹는 방법뿐이죠. 소년원생들이 대개 탄수화물 중독과 고도비만에 시달리는 이유입니다.

시설은 또 어떻고요. 직접 방문해본 결과 소년원의 어떤 방에도 온전한 벽지와 장판이 없었습니다. 10년, 20년간 벽지를 바꾸지 않아 수십 년 전 낙서도 그대로 있는 모습이 상상이 가시나요? 이런 곳에 가둬놓고는 '보호' 자체가 불가능합니다."

—

소년범에게 가장 필요한 것은 뭘까. 오 국장은 "기본적인 의식주부터 바꿔야 한다"라고 강조했다.

—

"사람은 누구나 변하기 마련입니다. 소년은 더 그렇습니다. 어떤 조건에서 성장하는가, 무엇을 보고 배우는가에 따라 완전히 다른 사람이 될 수도 있습니다.

범죄는 개인만의 잘못이 아니라 사회의 잘못 때문에 발생하기도 합니다. 소년이 다시는 범죄를 저지르지 않도록 주변 환경을 바꾸고, 범죄와 멀어질 수 있도록 기회를 주어야 합니다.

무엇보다 잘 먹이고 잘 가르치는 게 중요합니다. 그런 점에서 한국의 소년 보호 활동은 크게 실패하고 있습니다. 지금 절실한 것은 촉법소년 연령 하향과 같은 포퓰리즘적 대응이나 더 강력한 처벌이 아니에요. 소년 보호 혁신 활동이 필요합니다."

9

소년범의 홀로서기

아이들에게 전하고 싶은 말

우리는 아이들의 삶에서 찰나의 시간을 함께했다. 아이들은 그 만남을 어떻게 생각할지 궁금했다. 몇몇 아이들은 정말로 걱정이 됐다. 누가 봐도 듣기 좋은 대답만 골라 하면서 마음의 장벽을 세우던 아이가 있었다. 시설에 들어온 지 반년이 다 돼 가는데 아직도 억울하다고 말하는 아이도 있었다.

'소년범의 인생이 어떻게 바뀌는지에는 관심을 두지 않으면서 기삿거리로 이용하는 건 아닐까.' 아이들이 더 큰 애정과 관심에 목말라 있다는 걸 깨달은 뒤로는 더욱더 그런 생각에 사로잡혔다. 우리가 가장 고민했던 지점이다. 책임감이라는 단어가 계속 머리를 맴돌았다.

우리의 속앓이는 의외로 간단하게 해소됐다. 소년 보호시설 선생님들과 소년범죄 전문가들이 공통적으로 해준 이야기 덕분이다. 그들은 말했다. "열 명 중 한 명이라도 진심으로 달라진다면 그걸로 된 것"이라고.

기사를 쓰면서 우리가 만난 아이들을 비롯해 많은 소년범들이 꼭 우리의 기사를 읽어주기를 바랐다. 절대 너만의 잘못이 아니라는 이야기를, 너는 혼자가 아니라는 이야기를 해주고 싶었기 때문이다. 소년범 출신이지만 과거를 딛고 새로운 인생을 꾸려가고 있는 '모범 사례'를 취재한 이유도 그래서였다. 소년범으로 처벌받았다고 해서 인생이 끝난 게 아니니 포기하지 말라는 응원을 전하고 싶었다.

한결은 시설에서도 입지전적인 인물로 꼽혔다. 그 시설을 거쳐간 소년범들 중 가장 사회에 잘 적응해 '성공 사례'로 꼽혔다. 그는 십 대 시절 온라인 중고 거래 사기로 처벌받은 전력이 있다. 지금은 채소 가게를 운영하며 제2의 인생을 사는 중이다.

한결의 첫인상은 범죄 전력이 있다고 생각하기 어려웠다. 쾌활한 목소리와 밝은 미소, 내 질문에 그는 매번 시원시원하게 답했다. 내게 보여준 사진에서 그는 산을 배경으로 아내와 포즈를 취한 채 즐겁게 웃고 있었다. 아내에게는 연애 시절에 이미 과거를 다 털어놓았다고. 아내의 첫 반응은? 그저 놀라워했단다. 지금의 모습과는 너무 달라, 상상조차 되지 않는다면서.

그에게 소년범이라는 과거는 평생 남는 생채기 같은 것이었다. 누가 상처를 보고 묻더라도 부끄러워하거나 숨기려 하지 않았다. 극복해야 할 대상으로 여기지도 않았다. "깊이 반성하고, 다시 범죄를 저지르지 않는 게 더 중요한 거 아니겠냐"라고 그는 말했다.

십여 년 전에 수용됐던 시설에서 한결은 유명 인사였다. 현재 보호처분을 받고 있는 아이들도 "우리 시설 출신 중에 잘나가는 사람이 있다더라"하면서 알은체했다.

그의 삶은 어찌 보면 평범했다. 일을 해서 돈을 벌고, 사랑하는 사람과 결혼하고, 가끔 좋은 곳에 여행을 가고……. 그런 소박한 삶의 주인공이 아이들에게 '영웅'처럼 여겨진다는 건 그만큼 소년범 이후의 삶이 평범하기 어렵다는 뜻일 테다. 변한 것 없는 환경에서 홀로 달라지기 위해서는 피나는 노력이 필요하다.

한결 역시 우여곡절을 겪었다. 어린 시절 그의 집은 가난했다. 이혼하고 집을 나간 어머니는 얼굴조차 기억나지 않았고, 빚에 시달리는 아버지와 단둘이 살았다. 매일 사채업자들이 집을 찾아와 문을 두드렸다. 돈을 갚으라는 전화가 하루에도 열 통, 스무 통씩 왔다.

온라인 중고 사기는 배가 고파서, 돈을 벌려고 시작한 일이었다. 처음에는 1~2만 원 수준에서 시작했지만 시간이 갈수록 액수가 커졌다가 나중에는 몇십만 원이 우스웠다. 한결은 그렇게 수년간 사기를 쳤다.

출소 뒤 집에 돌아왔지만 가세는 더 기울었다. 십 대였던 그가 돈을 벌지 않으면 쌀도 살 수 없었다. 그는 그 뒤로 집을 나왔다. 이대로는 정말 죽을 수도 있겠다는 생각이 들었다고 했다. 가족은 물론 어울리던 친구들과의 관계를 끊겠다는 다짐과 함께. SNS도 모두 탈퇴했다. 과거에서 벗어나고 싶기도 했지만 더는 남에게 휘둘리고 싶지 않은 마음이 컸다. 한결은 "방황하던 십 대 시절을 돌아보면 후회된다. 열심히 따라가도 남들보다 열 발자국 늦었다는 생각이 든다"고 했다.

그가 달라질 수 있었던 건 첫째로 스스로의 의지 덕분이다. 그러나 한편으로는, 그를 돌봐준 시설과 선생님들의 관심과 지원도 큰 영향을 미쳤다.

"가끔 아는 동생들이나 비행 청소년들을 만나게 되면 '최대한 시설을 이용하라'고 말하곤 해요. 원하는 만큼 지원을 받을 수 있거든요."

한결은 시설을 거쳐 간 소년범 중 각종 프로그램과 경제적 지원을 골고루 받은 편에 속한다. 정보를 알려준 사람은 없었다. 한결은 스스로 길을 찾아 나섰다. 출소 뒤 시설에서 알고 지낸 선생님에게 먼저 연락해 집이 아닌 시설에서 지낼 수 있게 해달라고 도움을 요청했다. 시설에서 취업 준비를 위한 각종 자격증을 따고 검정고시도 쳤다. 선생님들의 따뜻한 응원과 아낌없는 지원에 힘을 얻었다.

그는 이제 노력하는 삶의 가치를 안다. 한결의 하루는 새벽 4시에 시작한다. 사위가 어둑할 때 집을 나와 그날의 주문 물량을 확인한다. 도매시장에서 떼 온 채소를 팔고 배달까지 직접 다니다 보면 다시 캄캄한 밤이다. 잠자는 시간은 하루에 고작 서너 시간뿐이지만 그는 지금의 삶이 기껍다.

소년범의 현실

원고를 쓰던 어느 날, 엄마와 대화 중에 이런 이야기가 나왔다.

—

"난 그래도 학창 시절에 친구들은 다 잘 사귀었던 것 같다. 그렇지?"

"무슨 소리야. 그 애 있잖아. 걔 때문에 내가 얼마나 마음을 졸였는데."

—

그제야 떠오르는 얼굴이 하나 있었다. 성격이 아주 활발해서 어디서나 주목받았던 그 애. 한때 나와 가장 가깝게 지낸 친구였는데 엄마는 그걸 탐탁지 않게 여겼다. 엄마의 표현을 빌리자면 내가 "걔한테 나쁜 물이 들었다"라는 거였다. 엄마가 일깨워준 과거 기억에 따르면 내가 학교 수업을 빼먹고 놀러 간 것도, 모르는 사람과 인터넷 채팅을 한 것도, 청소년 관람 불가 영화를 본 것도 죄다 그 애와 처음 한 일이었다. 그 친구가 나를 망치고 있다고 생각했던 모양이다.

엄마의 꾸지람 때문이었는지, 취향이 안 맞아서였는지 그 애는 차츰 나와 멀어졌다. 실업계 고등학교에 진학한 그 애가 그 시절 '일진' 무리와 어울렸던 기억이 난다. 싸이월드에 담배를 피우거나 술집에서 술을 마시는 사진을 버젓이 올려 깜짝 놀랐었다. 물론 술·담배가 범죄는 아니지만 계속 그 애와 어울렸다면 내 삶의 방향 역시 달라졌을 수 있겠다는 생각을 했다.

사람들은 소년범을 강력히 처벌하자고 하지만, 정작 처벌 이후 이들이 어떤 삶을 사는지에는 관심이 없다. 한결처럼 새 삶을 꾸려 나가는 이도 있지만, 그렇지 않은 경우가 훨씬 많다. 가정환경이나 친구 관계가 그대로인 상황에서 소년들이 재범의 유혹을 이겨내기란 쉽지 않다. 많은 소년범들은 다시 범죄를 저질러 보호처분을 받고, 심한 경우 소년교도소까지 가게 된다. 범죄의 굴레를 끊지 못하면 성인이 되어서도 범죄를 저지르게 된다.

—

"처음에는 주위 애들이 하니까, 저도 얼떨결에 따라 했다고 해야 하나."

—

소년범죄는 함께 어울리는 '무리'의 영향이 컸다. 두 번째 보호처분을 받은 민성은 인생에서 제일 후회되는 게 무엇이냐는 질문에 이렇게 답했다.

—

"담배 피우다가 알게 된 동네 친구들이랑 어울린 거요. 어쩌다 보니 같이 학교에서 애들한테 돈도 뺏고, 담배도 훔치고, 차도 막 털고 그렇게 됐어요."

"그 친구들을 만난 것 자체가 후회돼요?"

"네. 걔네들 안 만났으면 제가 이 정도까지 되지는 않았을 거 같아요. 시설 들어오고 나서 '그때 내가 왜 그랬지' 생각해요. 여기서도 여전히 (규칙 어기고) 벌점 받는 애들이 있는데 한심하다는 생각이 들어요. 저는 여기서 나가면 절대 걔네랑 다시 연락 안 하려고요. 학교도 열심히 다닐 거예요."

—

아이들 대부분이 비슷한 말을 했다. '시설에서 나가면 예전 친구들과의 관계는 끊고 새로운 삶을 살겠다.' '다시는 사고 치지 않겠다.'

하지만 이 다짐을 지키는 건 무척 어렵다. 이유는 간단하다. 주위 환경이 그대로이기 때문이다. 우리가 인터뷰한 소년범과 출소한 사람들 모두 입을 모아 강조한 것도 "친구 관계부터 끊지 않으면 절대 안 바뀐다"라는 것이었다.

관계를 단숨에 끊어내기란 쉽지 않다. 친구를 잘못 사귀기는 쉬워도 거기서 빠져나오는 건 너무나 어렵다. 가랑비에 옷 젖듯 처음엔 조금씩 스며들었다가 어느 순간 돌아보면 흠뻑 젖어 있듯, 관계란 천천히 쌓이는 것이다. 유대감은 특별한 이벤트를 겪으며 조금씩 깊어진다. 재미있는 것에서 스릴 있는 것으로, 거기서 더 위험하고 룰을 깨는 것으로……. 잘못인 걸 알아도 거절하면 친구를 잃을지 모른다는 두려움에 쉽게 반기를 들 수 없다. 특히 계속 같은 동네, 같은 학교에서 얼굴을 마주해야 하는 친한 친구들일수록 더 그렇다.

이 현상은 아이들을 대상으로 한 설문 결과에서도 나타났다. 우리가 소년원 출원생 72명을 대상으로 실시한 설문 조사에서 '주변에 비행 경험이 있는 친구나 선후배가 많았느냐' 하는 질문에 '그렇다' 혹은 '매우 그렇다'라고 답한 비율은 55.7퍼센트. 쉽게 말해 아이들은 '끼리끼리 논다'라는 뜻이다.

다른 삶

나이는 인터뷰를 할 때 확인하는 기본 인적 사항 중 하나다. 기사에는 이름(실명이든 가명이든)과 함께 성별, 나이 등이 꼭 기재된다. 동갑인 취재원을 만나는 건 드문 일은 아니다. 최근 청년 세대에 대한 언론의 관심이 커지면서 2030세대의 목소리를 직접 듣는 경우가 많아졌다.

그런데 '소년범, 그 이후의 삶'을 취재하다 동갑을 만났다. 예상치 못했던 일이다. 나와 같은 나이의 취재원이 살아온 이야기를 듣자니 마음이 이상했다. "저도 동갑이에요"라는 말이 안 나왔다. 그러지 않으려고 했지만, 머릿속에서 자꾸만 그의 삶과 나의 삶을 '비교'하고 있었다. 이상하게도 미안하다는 생각이 들었다. 그 감정을 느낀다는 것 자체가 혼란스러웠다. 오만이거나 위선일 수 있는 감정에 마음이 복잡해졌다.

—

"어릴 때 할머니 손에서 자랐어요. 보호처분은 열여섯 살쯤 받았고, 할머니 돌아가시고 부모님도 연락이 끊겨서 다시 시설로 가게 됐어요. 그때가 열일곱 살."

—

스물아홉 성태의 표정은 덤덤했다. 그의 말을 들으면서 나는 그 무렵 어떤 삶을 살고 있었는지 돌이켜보게 됐다. 열일곱 살, 고등학교 1학년. 이제 막 대학 입시의 출발선에 섰다는 긴장감을 자각했던 때였다. 엄마, 아빠와 함께 대학교 진학과 이후의 미래를 상의했었다. 아무리 애써도 성적이 잘 나오지 않았던 수학 과목은 따로 학원을 다녔고, 방학 때는 머리를 식힌다며 가족들과 여행도 갔다.

우리는 그 시절 서로 다른 처지에 놓여 있었다. 그 처지는 지금도 크게 달라 보이지 않았다. 그는 배달 일을 생업으로 삼고 있었다. 지금은 잠깐 쉬고 있지만, 몇 주 내로 다시 일을 시작해야 한다고 했다. 생계 때문이었다. 돈을 벌지만 모이지 않았고, 일을 하다 크게 다쳐 병원비 역시 적지 않게 든다고 했다. 먹고사느라 아직 군대 문제도 해결하지 못했다. 야속하게도 몸은 아픈데 면제 대신 현역 판정을 받았다.

죽은 줄로만 알았던 아버지와는 몇 년 전 연락이 닿았다. 1년에 한 번씩 하던 연락의 빈도는 점차 늘어가고 있다. 나이를 먹으니 아버지의 삶도 이해가 됐다. 오랜 시간 혼자 살다 보니 아버지와 밥 한 끼 함께 먹는 것조차 어색하지만, 의무감으로라도 연락을 이어오고 있다. '유일한 가족'이라는 단어가 그의 입 언저리에서 맴도는 듯했다. 하지만 끝내 그 말은 하지 않았다.

우리는 나이가 같았지만 다른 삶을 살아왔다. 그와의 인터뷰 이후 모두에게 공평한 선택지가 주어지지 않는다는 점을 더욱 실감했다. 그리고 때때로 그 선택지는 내 의지와 상관없이 결정된다는 점도.

인터뷰를 마치고 사진 촬영을 위해 그의 집을 찾았다. 원룸은 그리 좁지는 않았다. 그러나 짐을 둘 곳이 마땅치 않아 보였다. 금방이라도 이사를 갈 사람처럼 군데군데 박스들이 가득했다. 무엇보다 습기가 많았고 햇빛도 전혀 들지 않았다.

사실 그의 삶은 다른 아이들에 비해 나은 축에 속했다. 소년원이나 보호처분 시설에서 나온 뒤에도 갈 곳이 없어 다시 시설로 돌아가는 아이들이 적지 않다. 자의 반 타의 반으로 학업을 중단한 경우 번듯한 직장에 취업하는 건 꿈도 못 꾸고, 아르바이트 노동을 해서 돈을 버는 것조차 어렵다.

제 몸 하나 누일 작은 방 한 칸 구하는 것조차 험난했다. 운전면허를 따고, 국비 지원을 알아보면서 배달 대행 일을 시작했다. 학교엔 다시 갈 수가 없어 열여덟 살부터 검정고시를 준비했다. 성인이 되기 전 몇 년간 위탁 시설에서 지내며 모았던 돈은 서울에 있는 반지하방 보증금으로 모조리 다 들어갔다.

—

"보호처분을 받는 게 중요한 게 아니에요. 보호처분 끝나고 시설 밖으로 나갔을 때가 문제죠. 청소년기에 제대로 돈을 번 적도, 공부한 적도 없으니까 사회로 나가면 할 게 없어요. 그러면 성인범이 되기가 너무 쉬워요."

—

성태는 범죄를 다시 저지르지 않은 것만으로도 스스로 성공했다고 생각한다. 보호처분을 받고 나온 직후에는 그도 원래 같이 놀던 친구들과 어울렸다. 다시 예전으로 돌아간 것 같은, 편안하고 재미있는 날들이었다. 그러던 어느 날 정신이 퍼뜩 들었다. '이건 아닌데. 이러다가 진짜 나락으로 떨어지겠다.' 독하게 마음먹고 친구들과 연락을 완전히 끊었다.

모두가 그처럼 180도 바뀌지는 않았다. 성태는 최근 씁쓸한 소식을 들었다.

—

"10년을 알고 지낸 형이 있어요. 예전에 잠깐 같이 살기도 했는데 각자 일하면서 바쁘다 보니 어느 순간 연락을 자주 못 하게 됐어요. 또 일 쳐서 구치소 들어갔대요. 범죄는 일단 한번 저질러보면 두 번, 세 번 하는 건 일도 아니에요. 한번 정신 못 차리고 한눈팔면 다시 사고 치는 경우가 주위에 너무 많아요."

—

어떤 사람들은 '의지와 노력으로 스스로 중심을 잡아야 하지 않느냐'라고 일갈할지 모른다. 그러나 가정과 사회에서 지켜야 할 규칙과 도덕, 생활 습관을 제대로 배우지도 못한 소년들에겐 말처럼 쉬운 일이 아니다.

—

"담배는 초등학교 4학년 때 처음 피웠어요. 친형이 피우길래 저도 따라서. 술 마신 건 초등학교 5학년인가 6학년인가. 근데 전 술은 잘 안 마셔요. 맛이 없어요."

—

보호시설 퇴소를 앞둔 열여섯 살 지훈은 제 나이보다 훨씬 들어 보였다. 자신의 과거를 돌아보며 줄줄 죄명을 읊어가는 그 모습은 중학생이라고 보기 힘들었다. 여기저기서 '찌들 대로 찌들었다'는 느낌이었다.

—

"처음 재판받은 건 1년 전인가? 애들 때린 거랑, 택시 타고 돈 안 내고 도망간 일로 시설 들어갔어요. 지금 여기 온 건 학교에서 친구들한테 돈 빼앗은 것 때문이에요. 처음에는 1, 2, 3, 4호 받았고 이번에 5, 6호 받은 거예요."

—

지훈은 어릴 적 자신을 '말 잘 듣는 장난꾸러기'였다고 표현했다. 비행에 빠지게 된 계기를 묻자 아이는 부모님의 이혼 이야기를 꺼냈다.

—

"그때는 하나도 안 힘들다고 생각했는데요. 지금 생각해보면 그 영향이 엄청 컸던 것 같아요. 돌봐주는 사람이 아무도 없으니까 동네 친구들이랑 어울리게 되고."

"부모님은 어떤 분이었나요?"

"너무 잘해주고, 하고 싶은 거 다 하게 해주던 분들이었어요. 저도 제 삶에 만족했고요. 근데 갑자기 그렇게 돼버리니까 엇나간 거 같아요. 그땐 진짜 '한 놈만 걸려라' 하는 생각이었어요. 사고를 진짜 많이 쳤거든요. 다른 애들 엄청 때리고, 돈 뺏고……. 애들을 못 잡아먹어서 안달이었어요."

"어머니도 엄청 속상해하셨겠어요."

"엄마가 울더라고요. 저 담배 피우는 거 알고 나서. 지금은 당연히 후회하죠. 근데 그때는 상황을 모면하고 싶다는 생각밖에 없었어요. 또 혼나겠구나, 지겹다, 빨리 끝나고 나가서 친구랑 놀고 싶다. 이런 생각."

—

갑작스러운 가정환경의 변화는 아이에게 큰 충격이었다. 그러나 혼란에 빠진 아이를 신경 써주는 사람은 아무도 없었다. 그 시기의 청소년에게 꼭 필요한 교육이 이뤄지지 않다 보니 아이들은 시설에서 생활하면서도 무엇이 옳고 그른지 제대로 판단하지 못할 때가 많았다.

지훈은 자신의 잘못조차 반성하지 않았다.

—

"애들 막 때린 거, 제가 잘못이 있다는 건 알겠거든요. 그런데 걔네한테 사과하긴 싫어요. 어쨌든 나도 여기 와서 처벌받은 거잖아요."

"여기 온 거랑 그 친구들한테 미안하다고 하는 건 다르지 않아요?"

"그렇긴 한데 그냥 넘어가고 싶어요. 그리고 여기 와서 보니까 더 억울해요. 저는 처음 보호처분 받고 나서 여기 오기 전까지 1년 동안은 사고 안 쳤거든요. 근데 여기 와서 보니까 막 남의 돈 몇백만 원씩 뜯고 이런 애들도 많은 거예요. 이럴 줄 알았으면 저도 금은방 털걸, 돈 더 벌걸, 이런 생각 해요."

—

반년간의 시설 생활은 지훈을 '사회화'하는 데 실패한 듯 보였다.

이제 막 대학 새내기를 벗어난 성현은 과거 두 차례 소년재판을 받고 소년원까지 다녀왔다. 그는 소년원에서 나올 때 가정폭력을 일삼는 부모의 곁에 돌아가기 싫어 위탁 시설에 머물겠다고 자원했다. 성현은 자신의 '사회화'는 그때부터 시작됐다고 했다.

성현은 대충 사는 삶에 익숙했다. 늦게까지 자고 일어나 학교에 갔고 배가 고프면 있는 것으로 대충 끼니를 때웠다. 위탁 시설에 머물면서 성현은 처음으로 제시간에 알람을 맞춰 일어나고, 정해진 시간에 학교를 가고, 숙제도 꼬박꼬박 했다. 규칙적인 생활 습관, 타인에 대한 올바른 말씨와 태도, 누군가와 함께 세상을 살아가는 법 같은 것. 보통 사람들은 가정에서 제일 먼저 배우고 자연스레 몸에 익히는 것들을 성현은 성인이 다 되어갈 쯤에야 깨우쳤다.

가난의 굴레도 이들을 옭아맨다. 이십 대 후반인 경석의 꿈은 대학에 가는 것이다. 보호시설 선생님들의 도움으로 고등학교는 겨우 졸업했지만, 집안 사정 때문에 곧장 일용직을 전전하며 돈을 벌어야 했다. 지금도 상황은 크게 달라지지 않았다. 몇 년째 한 중소기업에서 일하고 있는데, 고졸이라 월급이 200만 원도 안 된다. 대학에 가서 월급도 더 받고 싶고, 어릴 때 못 해본 공부도 더 하고 싶지만 여의치 않다.

—

"대학에 가서 원하는 공부를 해보고 싶은데, 일단 대학 갈 돈이 없어요. 그리고 내가 다시 공부를 할 수 있을지도 모르겠고요."

믿음

아이들을 만나면서 내 인생을 자주 반추했다. 그럭저럭 순탄하게 살아온 것 같지만, 돌아보면 나 역시 크고 작은 위기의 순간을 수도 없이 겪었다. 중학교 때는 같은 반 친구를 따라가 담배 피우는 모습을 구경한 적이 있다. 덜컥 겁이 나서 입에 갖다 대지는 않았지만 손에 쥔 꽁초의 느낌이 어땠는지 아직도 생생하다.

초등학교 때는 음란 채팅 비슷한 것도 했다. 인터넷이 가정마다 막 보급되던 시기, 친구 집에서 부모님 몰래 온라인 화상 채팅이라는 걸 처음으로 해봤다. 별 시시껄렁한 얘기를 해도 반응을 보이는 상대방이 흥미로워서 계속 대화를 이어가는데 어느 순간 화면 속의 그 남자가 옷을 벗기 시작했다. 심장이 쿵쿵 뛰었다. 모니터를 끄려 했는데 잘되지 않았다. 버벅대다 겨우 채팅방을 빠져나왔다. 다행히 상대방 카메라의 화질이 좋지 않았고, 친구 컴퓨터엔 카메라가 없어 우리 모습이 전송되지 않았지만, 그날의 당혹감을 떠올리면 아직도 역겨운 기분이 든다.

어느 날은 친구를 따라 학원 수업을 빼먹고 시내에 놀러 갔고, 어느 날은 사춘기랍시고 방황하면서 부모님의 모든 말을 잔소리로 생각하기도 했다. 만약 그때 흡연을 시작했다면, 채팅을 계속 이어갔다면, 시내에서 술을 마셨다면, 나는 어떤 사람이 되었을까? 우리가 만났던 소년범들이 처음 비행에 발을 딛게 된 순간은 아주 사소했다.

소년범과 어린 내가 달랐던 것은 한 가지다. 내 주위에는 울타리가 되어준 사람들이 많았다. 그들은 내가 잘못된 길로 가려고 하면 바로잡아줬고, 망나니처럼 굴어도 끝까지 나를 놓지 않았고, 더 나은 삶을 살 수 있게 옆에서 기다려줬다.

기사를 쓰는 내내, 그리고 이 책을 쓰는 내내 계속해서 나를 괴롭힌 질문이 있다.

—

'그래서 어떻게 해야 되는데?'

—

누구나 살면서 실수를 한다. 실수가 실패로 이어지지 않게 하는 것. 실수를 했더라도 다시 일어설 수 있게 돕는 것. 그게 어른들의 역할이 아닐까.

소년들은 그저 평범한 삶을 꿈꾼다. 그러나 그 꿈을 이루기 위해서는 많은 노력과 도움이 필요하다.

아이들은 다른 사람은 물론 자기에 대한 믿음조차 없다. 태어나자마자 부모에게 버림받고 시설에서 자란 하윤은 '사랑'이라는 감정이 낯설다.

—

"집이 어떤 느낌인지 모르겠어요 원래 있던 시설에선 진짜 안 좋은 기억밖에 없어요. 그냥 아무런 느낌이 없어요."

—

정 붙일 사람이라곤 같은 시설에서 자란 언니들과 친구들뿐. 그마저도 여의치 않을 때가 많았다.

—

"거기 있던 언니들이 진짜 무서웠어요. 군기를 엄청 잡았거든요. 한번은 말싸움을 했다가 언니가 두 시간 동안 무릎 꿇고 손 들고 있으라고 시킨 적도 있어요. 거기 애들 몇 명 되지도 않는데 왕따를 당했어요. 한 학기에 몇 번씩은 따돌림을 당했어요."

—

모든 게 자신의 탓 같았다. 하윤이 택한 출구는 스스로를 괴롭히는 것이었다.

—

"어릴 때부터 자해를 했어요. 힘들어서요. 사람들한테 말하고 싶었던 것 같아요. 나 힘들어, 그만 좀 괴롭혀, 이렇게요. 나이 좀 들고는 저도 끊으려고 했죠. 근데 또 친구 관계가 나빠지고, 그래서 다시……."

—

아직 중학교도 졸업하지 않은, 어린 소녀의 말이었다.

현우는 '가족'의 의미를 알지 못한다고 했다.

"제일 의지할 수 있는 사람이 누구예요?"

"가족이요."

왜냐고 묻자 돌아온 답은 이랬다.

"솔직히 여자 친구라고 하고 싶은데요, 철없어 보일까 봐 그냥 가족이라고 했어요."

어릴 때부터 할아버지와 같이 살았다는 현우는 할아버지가 무섭고 싫다고 털어놓았다.

"아빠는 없고 엄마는 다른 데로 일하러 가서 할아버지랑 지냈는데요. 그냥, 안 좋은 일이 되게 많았어요. 무서웠어요. 엄청 엄하셨거든요. 돈도 없고."

현우는 오히려 자신을 챙겨주는 어른들이 있는 시설이 훨씬 '집'처럼 느껴진다고 했다.

"여기 있으면 반성하기가 진짜 좋아요. 강제로 반성을 시키는 게 아니라, 깨닫게 해준다고 해야 할까요. 내가 여기서 또 사고 치잖아요? 그래도 들어주고 도와주려고 하고, 먼저 손 내밀어주는, 그런 게 있어요. 여기 있는 분들은 저를 범죄자 취급 안 해요. 인간적으로 대해주고, 그럴 수 있다고 말해줘요."

"이전에 만난 어른들은 어땠어요?"

"다른 시설에서는 사무적으로만 대하는 느낌이어서 저도 정이 안 갔어요. 근데 여기는 다르더라고요. 요즘 어른들이 소년범 처벌 더 세게 해야 한다고 하잖아요. 그런데 어른들한테 묻고 싶어요. 어른들이 먼저 잘해야 애들도 배우는 거 아닌가요? 가정환경 좋은 애들은 비행을 저지를 생각도 못 해요. 근데 안 좋은 애들은 관심도 못 받고 하니까……. 어른들이 먼저 잘해야 애들이 그럴 일이 없죠. 전 여기 와서 어른들에 대한 생각도 바뀌었어요."

—

돌아갈 곳이 있는 아이와 돌아갈 곳이 없는 아이의 차이는 컸다. 돌아갈 곳이 있다는 것은 소년범에게 더 나은 선택지가 하나 더 있다는 뜻이다. 재범의 굴레를 끊을 가능성이 더 커진다는 뜻이다. 소년분류심사원에서 심사관으로 일하는 한 직원은 기억에 남는 경험을 묻자 이렇게 말했다.

—

"한 아이가 입소하면서 들고 온 소지품에 커다란 파일이 하나 있었어요. 그게 뭐였냐면 이 아이가 (분류심사원에) 들어오니까 반 선생님이랑 친구들이 일일이 한 명씩 그림을 그리고 편지를 써준 거예요.

'우리가 널 기다리고 있을게' '금방 돌아오렴' '거기서 생활 잘 하고 다시는 나쁜 일 하지 말고' 이런 내용이 적혀 있었어요. 반 애들 전체가 그걸 쓴 거예요.

세상에, 이 아이가 돌아갈 곳이 있다는 게 얼마나 기대되고 행복하겠어요. 사고 치고 소년재판을 받는 아이들도 실은 겁이 나거든요. 그런데 누군가 나를 보듬어준다면 그 아이는 정말 마음을 고쳐먹을 가능성이 커져요. 제가 다 고맙더라고요."

에필로그

편지

보호처분 시설에서 아이들은 원하는 물건을 자유롭게 갖지 못한다. 어쩌면 당연한 일이다. 대부분의 시설이 도심에서 멀리 떨어져 있고, 시설 내에서 생활 관리도 엄격하게 이뤄지기 때문이다. 사회로부터 격리된 이 작은 공동체에선 아주 작은 것도 갈등의 원인이 된다. 시설 선생님들은 이를 막기 위해 철저하게 아이들을 관리한다.

내가 만났던 여자 아이들은 내 물건에 큰 관심을 보였다. 노트북에 붙어 있던 캐릭터 스티커, 메모용으로 쓰던 볼펜 같은 것들이었다. 인터뷰에 응해주는 게 너무 고마워서 아이들에게 스티커 하나쯤 선물할 수 있지 않을까 하고 선생님에게 물었더니 대번에 손사래를 쳤다. "아유, 절대 안 돼요. 한 명한테만 주면 아이들이 바로 싸워요."

취재가 모두 끝난 뒤 한 시설에 과자, 음료를 보내고 싶다고 연락했을 때도 선생님들의 반응은 비슷했다. "보내주실 거면 꼭 종류별로 아이들 숫자 맞춰서 부탁드립니다. 아이들이 예민해서 다 다른거 받으면 싸울 수 있거든요."

291

또 한 가지 애들이 '집착'하는 것이 있었다. 바로 편지다. 어떤 아이는 인터뷰를 하면서 내가 질문할 때마다 "이거 대답해주면 나중에 편지 보내주실 거예요?"라고 했다.

아이들에겐 외부와의 연락이 간절하다. 이들의 세상에선 페이스북이나 인스타그램, 틱톡처럼 언제 어디서나 모두와 연결된 듯한 기분을 줬던 SNS는 꿈도 못 꾼다. 전화도 '착한 일'을 했을 때만 걸 수 있다. 보호자가 전화하면 아이들이 받을 수 있지만, 사실 이들 대부분은 전화를 걸고 챙겨줄 만한 보호자가 없다. 누구도 자신을 찾지 않고, 누구와도 쉽게 연락할 수 없는 아이들에게 인터뷰를 하러 온 우리의 존재는 반가울 수밖에 없었다. 그리고 편지는 이 관계를 이어갈 수 있는, 거의 유일한 사회와의 끈이었다.

한 아이는 내게 먼저 편지를 보냈다. 명함에 적힌 회사 주소로 보낸 것이었다. 일의 특성상 회사로 들어가는 일이 많지 않아 두 달쯤 뒤에 편지를 읽게 됐는데, 거기엔 뜻밖의 이야기가 적혀 있었다.

—

'인터뷰하고 나서 사실 마음이 조금 후련했어요. 처음엔 상담도 아닌데 과거를 꺼내는 게 심란했는데, 지나니까 후련하더라고요.

제가 방금 엄마한테 편지를 썼어요. 내 연락 안 받을 거면 말이라도 해달라고, 따지듯이 썼거든요. 솔직히 계속 기다리는 게 지치고 해서요. 미안하긴 하지만, 여기서 버티고 나가서 잘 살려면 독해져야 할 것 같아서 강하게 말했는데.

저 잘한 거 맞겠죠. 그런데 사실은 속상해요.'

—

엄마가 더 이상 연락을 하지 않는다고 했다. 아빠네 집이라도 가고 싶은데, 그도 책임질 자신이 없는지 "살 10킬로그램 빼면 생각해보 겠다"라는 이야기만 했다고 한다. 특히 엄마가 원망스러운데, 이상 하게도 너무 보고 싶다고. 연락할 방법을 어떻게든 찾고 싶다는 이 야기도 있었다.

나와 그 아이는 단 한 번 인터뷰로 만난 사이였다. 두어 시간 동 안 나는 그 아이의 경험을 아주 조금 알게 됐을 뿐인데, 그는 내게 자기 인생의 모든 것을 털어놓은 셈이다. 그 편지는 정말이지 아이 가 어느 곳에도 정을 붙이지 못하고 있다는 증거였다. 내 답장을 얼 마나 기다렸을까. 미안했다. 그날 바로 편지를 부쳤지만, 사실 내가 할 수 있는 말은 많지 않았다.

이렇게 기댈 곳을 찾고 싶어 하는 아이에게 다가가는 것은 매우 고민되는 일이었다. 당연히 정을 주고 도움을 주고 싶지만, 그 자체 가 아이를 기만하는 행위 같기도 했다. 내가 이 아이의 인생 전부를 책임져줄 수도 없는데, 결국 우리는 몇 번의 연락만 주고받은 채 자 연스레 멀어지게 될 텐데, 그 과정에서 또 다른 상처를 받지는 않을 까. '역시 어른들은 자기가 필요할 때만 찾아오고 그다음엔 뒤도 안 돌아보는구나' 하고 생각하지는 않을까. 조심스러웠다.

그래서 그 시설을 꼭 다시 방문하고 싶었다. 정확히는 그 아이를 다시 만나고 싶었다. 내 답장이 너무 늦은 것에 대해 사과하고 싶었 다. 회사로 도착한 편지가 내게 도달할 때까지 시간이 많이 걸렸고, 너의 이야기에 많이 걱정하고 있었다고 얘기해주고 싶었다. 어쩌면 그 역시 내 마음의 짐을 조금이라도 덜어보겠다는 이기적인 생각이었을지도 모르겠다.

두 번째로 그 아이를 만나러 가는 날, 시설 아이들 숫자만큼의 캐릭터 스티커를 준비했다. '너를 위해 준비했다'는 말이 그 아이에게는 기쁨일지라도 또 다른 아이에게는 박탈감을 줄 수 있다는 선생님의 말을 조금은 이해했기 때문이다. 밖에서는 흔히 구할 수 있는 스티커, 게다가 아이들이 사회에 있을 땐 거들떠보지도 않았을, 그 스티커 하나를 받아 든 아이들의 표정이 너무 밝았다. 특히 내게 편지를 썼던 그 아이는 몇 번이나 되물었다.

—

"이거 정말 저 주려고 사 온 거 맞아요?"

"응. 너 주려고. 마흔 장 다 한꺼번에 사 왔다니까."

"대박! 고맙습니다. 자랑해야지."

—

스티커를 만지작거리던 아이는 그날 내게 꽤 무거운 이야기를 털어놨다. 편지를 주고받을 때보다 모든 면에서 상황이 악화돼 있었다. 엄마는 여전히 연락이 닿지 않았고, 원망은 더 커졌다. 아빠의 집에 갈 상황도 아니었고, 쉼터로 가기엔 위험했다. 이미 여러 번 쉼터에서도 사고를 쳤으니 좋은 선택지가 아니었다.

그래서 아이는 오히려 보호처분 기간을 늘려달라고 기관에 요청할 참이었다고 했다. 말 그대로 갈 곳이 없어서였다. 너무 스트레스를 받아 살이 더 쪘다고 투덜대는 아이는 계속 스티커를 손에서 놓지 않았다. 그 작은 스티커가 적어도 그날 하루는 위안이 될 수 있었을까. 그런 생각이 머릿속에서 떠나지 않는다.

누구도 외면당하지 않는 사회

기자는 늘 트렌드를 좇게 된다. 좇아야만 한다. 트렌드를 반 발짝이라도 먼저 찾아내면 가장 좋고, 설령 놓쳤다면 최대한 빠르게 따라잡아야 한다. 그래야 기사가 생명력을 잃지 않는다. 그래서 기사는 객관적이어야 하지만, 기사 아이템을 선정하는 단계부터 주관적임을 인정할 수밖에 없다.

개인적으로는 아이템을 결정할 때 되도록 사회적 약자의 이야기가 맞는지를 한 번 더 돌아보고 고민하는 편이다. 누구도 외면하지 않는 사회를 만드는 것도 기자가 해야 하는 일이라는 생각 때문이다. 소년범을 취재하게 된 이유도 여기에 있었다. 우리의 기획 기사와 이 책에서 하려는 이야기는 이 한 줄로 요약될 수 있다. 누구도 외면해서는 안 된다. 그간 우리 사회가 애써 모른 척해왔던 소년범일지라도.

그럼에도 중요한 것은 소년범들이 짊어져야 할 짐은 있다는 사실이다. 죄책감이나 반성과 같은 것들이다. 더구나 피해자가 있는 범죄를 저지른 소년범들이라면 한두 차례의 보호처분으로 모든 짐을 내려놓았다고 생각해서는 안 된다. 피해자의 피해 회복 문제가 우리 사회 전체의 몫이라고 해도, 그 범죄를 저지른 아이들은 피해 자에게 진정으로 사과하고 반성의 마음을 지닌 채 살아야 한다고 생각한다.

이것은 가해자에게 사회에 적응할 수 있는 여러 기회를 제공해 주자는 명제와 동떨어진 게 아니다. 소년범이 평범한 사람들과 어 울리며 자신의 죄를 깨닫고 진심으로 뉘우치도록, 교육의 기회를 충분히 제공하자는 것이다. 그래야 또다시 같은 잘못을 반복하지 않을 테니까 말이다.

그러나 현 체계에서는 그 지점이 우려됐다. 보호처분 등의 절차 를 거치며 아이들 스스로 깨닫는 경우도 있었지만, 그런 경우가 드 물다는 것도 사실이었기 때문이다.

이런 아이도 있었다. 열다섯 살이던 지원은 6호 보호처분 시설에 벌써 두 번째 온 거라고 했다. 보호관찰 위반과 공문서 위조, 폭행, 중고 거래 사기 등. 지원의 입에서는 지금껏 경험해본 범죄들이 줄 줄이 쏟아져 나왔다.

그러면서도 내가 놀랐던 지점은 설문 조사 중 '조금이라도 법을 어겨도 된다고 생각한다'라는 문항에 '아니다'라고 체크한 부분이 었다. 순간 '거짓말인가?' 싶었다. 아이들이 본인 생각과 다르게 설 문 조사에선 굉장히 도덕적으로 답할 수 있다는 전문가의 조언이 떠오르는 순간이었다.

—

"범죄는 어떻게 해서든 다 걸리게 돼 있다고 생각해요. 제가 책이나 영화를, 그중에서도 범죄 얘기를 좋아하거든요. 거기 보면 범죄를 어떻게 저지르는지 다 나와요. 하는 방법도 다 나오고요. 그러면 무조건 걸리지 않겠어요?"

—

그러면서도 왜 범죄를 아무렇지도 않게 저지를까? 묻고 싶었다. 너무 직설적인 질문이 될까 봐 돌려 물었다.

"또래 친구들이 무면허 운전 같은 범죄 저지르고 뉴스에 나오는 거 본 적 있죠? 그런 애들에 대해서는 어떻게 생각해요?"

—

한동안 말이 없었다. 지원은 어색하게 웃으면서 잠시 책상을 바라봤다.

—

"남이 나를 생각하는 것과 같을 것 같은데요. 범죄 종류는 다르더라도, 나도 어쨌든 범죄를 저질렀잖아요. 누가 저 보면 욕할 것 같아요. 누군가에게 피해를 주는 행동이니까.

무면허 얘기 나왔으니까 말인데요, 무면허는 살인이라고는 안 하죠. 고의가 아니니까. 그렇지만 저는 살인 같아요. 최근에 엄청 심각한 무면허 사고가 있었는데, 그 뉴스를 처음 봤을 땐 안 믿겼어요. 내 또래이기도 하고, 너무 끔찍해서. 그래서 소년법이 폐지돼서 더 세게 처벌받으면 좋겠다고 생각했거든요. 근데 또 나를 보면, 폐지 안 됐으면 좋겠어요. 내가 시설에서 나간 다음에 폐지되면 좋겠다, 그런 생각을 했어요."

298

"주변에서도 그래요? 소년법 폐지는 좀 의외인데."

"재범하는 사람들이 많으니까요. 처벌이 세지면, 재범 안 할 거 같거든요."

"지원이가 한 건 어때요? 처벌이 세지면 안 했을 것 같아요?"

"센 처분을 원하진 않는데, 주변 환경이나 친구들 영향이 제일 컸던 것 같아요. 내가 어렸을 땐 잘 타이르고 잘할 수 있을 거라는 말을 해주는 어른들이 없었어요. 폭력을 행사하려고 했거든요. 지금은 부모님이 그나마 나아지셨지만."

—

이 대목에서 누구나 그런 생각을 할 것 같다. 앞뒤가 맞지 않는 답변 같다는 생각. 나에게는 적용되지 않기를 바라면서도, 나의 또래가 저지른 죄의 무게는 엄중히 처벌해야 한다는 생각.

나 역시 지원의 말이 놀라웠지만, 동시에 가장 솔직한 답변이 아닐까 생각했다. 누구나 남의 잘못은 크게 느끼면서도, 내가 잘못한 데에는 다 그만한 사정이 있다고 생각하기 마련이다. 더구나 청소년이라면, 더더욱 그런 생각을 할 수 있지 않을까.

그래서 더 절실하게 교육이 필요하다고 생각했다. 결과에 대한 처벌만큼이나 진정 반성할 수 있는 기회, 자신이 무엇을 잘못했는지 깨닫게 해주는 기회가 필수라는 점을 알게 됐다. 그 기회를 주는 것은 어른과 사회의 몫이다. 소년범을 악마로 치부한 채 외면해서는 안 된다는 뜻이다.

앞서도 말했지만 여러 보호시설에서는 각종 교육을 진행하고 있다. 열악한 환경과 조건 속에서도 선생님들은 나름대로 고군분투하고 있다. 그러나 몇몇 아이들은 교육 자체의 실효성에 의문을 가지고 있었다. 왜 필요한지 이해할 수 없다, 시간 낭비다, 라고 회의적인 반응을 보였다. 지원 역시 불만을 드러냈다.

—

"교육을 하긴 하는데요, 다 쓸데없는 것 같아요. 사회에서 유용하게 쓸 수 있는 자격증은 딸 수가 없어요. 그나마 컴퓨터 자격증, 꽃차 자격증 정도 있나? 그게 다예요. 전 메이크업이나 헤어, 패션 디자인 쪽 하고 싶은데, 진짜 원하는 교육은 못 받아요."

—

이 역시 시설의 열악함 때문에 생긴 일이다. 아이들의 수요는 다양하지만 현재의 인력이나 자원으로는 모두를 만족시키긴 어려운 일이다.

두 번째로 그 시설에 갔을 때 지원은 없었다. 소년원으로 처분이 변경됐다는 이야기를 들었다. 6호 보호처분 시설에서 생활이 불량하거나, 입소한 친구들과의 관계가 나쁠 때, 종종 지원과 같은 사례가 생긴다. 시설 선생님들의 편을 들어보자면 그들에게도 쉬운 결정은 아니다. 또다시 아이에게 상처를 주는 것은 아닐까, 하고 여러 고민을 했을 것이다. 그러나 혼자가 아닌 집단이 머무는 시설에서, 다른 아이들에게 미칠 영향을 두루 살피지 않을 수 없다.

시설 선생님들에게서는 지원에 대한 이야기를 자세히 듣지 못했다. 불편해했고, 공개하고 싶어 하지 않았다. 아마 앞선 이유 때문일 거라 짐작한다. 나 역시 캐묻지 않았다. 어쩌면 마음속 깊은 곳에선, 나라도 지원이 버거웠을 거라는 생각이 들었던 것 같다.

지원을 생각하면 여러 감정이 교차한다. 인터뷰 내내 '정말 반성한 걸까?'라는 마음이 들었기 때문이다. 지원은 갈피를 못 잡고 있는 것 같았다. 자기가 저지른 죄를 숨기고 싶어 하면서도 은연중에 '어쩔 수 없었다'는 자기방어적 태도를 보였다. 다소 폭력적이었던 부모님도 점차 올바른 훈육법으로 다가서고, 지원에게 사과도 했다. 지원 역시 이러한 변화를 반기면서도 정확히 어떻게 이 변화에 대처해야 하는지 모르는 듯했다. 그래서인지 어떤 말에선 '이제 새 삶을 살고 싶다'라는 바람이 읽혔지만, 또 다른 말에는 '그냥 될 대로 됐으면 좋겠다' 하는 심경도 담겨 있었다.

두 번째 방문에서 지원의 속내를 더 알고 싶었다. 시설 선생님들은 지원이 반성을 하려면 아직 멀었다고 판단한 듯했다. 다른 아이들을 통해 지원이 시설 아이들과 자주 다투었고 적응하지 못했던 것 같다는 이야기를 전해 들었다.

지원은 소년법 폐지를 주장하는 사람들 논리를 뒷받침하기에 적절한 사례일 것이다. 보호처분만으로는 반성하지 않는, 더 강하게 처벌해야 하는 아이의 표본처럼 보이기 때문이다. 나 역시 그랬다. 하지만 한 가지 마음에 걸리는 게 있었다. 단순히 보호처분만 변경된다고 해서 한 아이가 갑자기 반성을 하거나 달라질 수는 없지 않을까. 그렇다고 이들을 그대로 외면해야 하는 걸까.

아이들의 생각

아이들에게도 묻고 싶었다. 보호처분은 전과가 남지 않는다. 소년범이라 가능한 일이다. 형사처벌이라면 평생 딱지가 붙는다. 소년법 폐지라는 말은 곧 소년범들에게 또 다른 기회가 없을 거란 얘기다.

이 말은 아이들에게 어떻게 들릴까. 직접 물어봤다. 아래는 각각 다른 인터뷰다.

—

1.

"소년법을 악용하는 아이들이 진짜 많나요?"

"소년법은 그래도 필요해요. 한 번의 실수로 형사처벌 받으면 애들은 교도소를 가게 되는데, 그 뒤의 인생에…… 영향을 많이 끼치잖아요. 법을 악용한다고 하는데, 소수라고 봐요. 제 주위를 보면 애초에 사고 치면 치는 거지, 법이 있어서 더 치고 이런 건 아니에요."

(2005년생, 남성)

2.

"소년법 폐지를 말하는 어른들이 많은 거 알고 있나요?"

"어른들이 거의 다 그러잖아요. 소년법 강화해야 한다고. 근데 어른들이 먼저 잘
해야 애들도 배우지 않을까요? 가정환경이 안 좋은 애들이 비행을 시작하고, 환
경이 좋은 애들은 비행을 저지를 생각도 못 해요.

그래서 보호시설 와서 전 오히려 좋았어요. 강제로 반성시키는 게 아니라 내가
사고를 쳐도 받아들여주고, 먼저 손 내밀어주니까 정이 느껴져요. 범죄자 취급
안 하고 인간적으로 이해해주니까."

(2003년생, 남성)

3.

"소년범들에 대한 처벌을 강화하자는 어른들이 많아요. 어떻게 생각해요?"

"저희는 조금만 잘못해도 교도소에 가야 하나요? 처음엔 기회를 줘야죠. 진짜 나
쁜 애들은 어차피 범죄 저지를 거예요. 소년범이든, 아니든. 그런 애들은 결국 교
도소에 가겠죠. 그런데 반성하는 애들도 분명히 있어요. 걔네까지 교도소에 간다
면 정말 위험할걸요. 초등학교 1학년까지 소년원에 가라고 하는데 그러면 거기
서 죽으라는 건가요?"

(2006년생, 남성)

4.

"애들이 소년법을 악용한다는 말도 있어요."

"기회를 준다고 일부러 사고 친다는 애들도 있기는 해요. 그런데 그건 순서로 아

마 다섯 번째 정도? 제가 볼 때 애들이 사고 치는 첫 번째 이유는 '가오'예요. 그리고 희열. 애들은 잘 보이고 싶어서 범죄를 저지르는 거예요. 주위에서 '야, 너 잘한다. 또 해봐. 또 해봐' 하니까 계속 저지르게 되는 거예요. 시설에서 만난 친구들 사회에선 절대 안 만날 거예요."

(2006년생, 남성)

—

소년범들은 소년법 폐지의 의미를 알고 있었다. 정확히는, 어른들이 자신들의 잘못에 대해 반성할 기회를 주는 대신 일정 궤도에서 탈락시키는 정도의 의미로 받아들이고 있었다. 그래서 두려워하는 것처럼 보이기도 했다. 우리가 아이들을 '탈락'시키고 '외면'한다면, 아이들은 스스로가 더 비뚤어질 것을 걱정하고 있었다.

　우리가 만난 아이들 중에 소년법을 악용하는, 그러니까 자신의 나이가 어린 점을 교묘하게 이용해 계속해서 범죄를 저지르는 아이들은 없었다. 물론 나이가 어리다는 이유로 사회가 자신들에게 엄한 처벌을 내리지 못하리란 것을 인지는 하고 있었다. 그러나 악용과 인지는 엄연히 다른 개념이다.

기자의 생각

우리는 일러두기를 통해 우리가 우려하는 바에 대해 적었다. 취재와 보도, 출판이란 긴 과정을 거치며 그 우려에 대해 우리가 찾은 대답을 적는다. 어떤 질문에는 명확한 답이 생겼고, 어떤 질문은 절반쯤의 해답을 찾았다.

1. 소년범은 어떻게 보더라도 가해자다. 가해자의 이야기를 세상에 알리는 것이 옳은 걸까. 알려야 한다면, 대체 왜 세상에 알려야 할까.

소년범이 가해자라는 사실을 부정하려는 것이 아니다. 부정해서도 안 된다. 소년범들은, 특히 피해자가 있는 범죄의 경우, 피해자의 의사를 존중해 사과를 하고 진정으로 반성하는 과정을 거쳐야만 한다. 여기서 더 나아가 이들을 교화해 사회로 돌아올 수 있도록 해야 한다.

특히 이들이 미성년자라는 사실은 '교화시켜야 한다'는 명제에 힘을 싣는다. 이들에게 남은 삶이 너무나 길기 때문이다. 그 긴 시간 동안 이들은 사회에서 완전히 격리시킬 수 없다는 건 분명한 사실이다. 그렇다면 냉정하게 말해 이들을 사회에 제대로 적응시켜 자립할 수 있도록 하는 것이 사회·경제적 비용을 줄일 수 있는 최선의 선택지다. 우리가 이들을 포기하는 것은 우리 스스로를 위해서도 올바른 선택이 아닌 셈이다.

2. 소년범의 이야기를 전달하는 것이 '가해자 서사'를 강조하는 것으로 왜곡돼 받아들여지지는 않을까. 혹은 가해자 미화로 비치지 않을까.

우리가 이들의 삶을 보도하고 책에 싣기로 결정한 것은 이들의 서사를 미화하기 위해서는 아니라는 점을 다시 한번 강조한다. 소년범은 가해자 중에도 특수하다고 판단했다. 우리는 청소년의 인생에서 어떤 순간에, 어떤 도움을 주어야 이들이 엇나가지 않을지 알고 싶었다. 그러려면 보호처분을 받은 아이들, 그리고 비행 청소년이라고 불리는 아이들의 삶을 두루 살펴야 한다고 생각했다. 그래서 소년범들 여럿을 직접 만나고, 긴 시간 인터뷰를 했고, 그들의 삶을 정리해 실었다.

그 결과 우리는 몇 가지 해답을 찾았다. 성장기에 있는 아이들은 여러 환경에 쉽게 흔들리기도 했고, 때로는 어른들의 잘못이 그들을 범죄로 이끌기도 했다. 그들 중 몇몇은 끝내 자신의 잘못을 인정하지 않았지만, 또 몇몇은 잘못을 깨닫고 더 나은 길로 나아가고 싶어 했다. 그러나 사회는 그들에게 또 다른 기회를 주기보다는 내치기 바빴다.

이 과정을 보여주는 것은 소년범 문제 해결을 위해 반드시 필요했다. '이들이 이렇게 될 수밖에 없었으니 봐주자' '무조건적으로 따스하게 봐주자'라고 주장하려는 것이 아니었다. 그렇기 때문에, 가해자 서사를 미화하거나 강조하는 것으로 왜곡돼 읽히지는 않으리라는 확신을 갖고 있다.

3. 사람들이 소년범 문제를 우리 모두의 문제로 인식하도록 하려면, 어떻게 설득해야 할까.

이 문제는 여전히 고민 중이다. 기획 기사를 보도하고 책을 쓰는 과정에서도 계속 고민했던 지점이지만, 완벽한 답을 찾지는 못한 것 같다. 다만 우리가 한 여러 작업들 역시 설득의 한 과정으로 읽히리라는 막연한 확신을 가질 뿐이다.

다만, 우리를 비롯한 언론의 노력이 필수적이라는 생각에는 강한 확신을 갖게 됐다. 앞서 우리는 소년범들에 관한 보도가 사람들에게 어떤 영향을 주고 있는지 실험을 통해 함께 짚었다. 그 과정에서 언론이 무심코 쓴 제목 속 수식어 하나하나 역시 사람들의 인식에 영향을 미친다는 것을 확인할 수 있었다. 그래서 소년범 문제에 대해 보다 생산적인 논의를 이끌어내려면, 언론은 좀 더 신중해야 한다.

4. 왜 소년범은 성인범과는 다른 보호적 관점에서 접근해야만 하는 걸까.

'미성년자이기 때문에 어른들이 보호해야 한다'라는 어쩌면 당연한 이유를 차치하고서라도 청소년들에게는 교화 가능성이 있기 때문이다. 성인범과 소년범은 다르다. 보호처분이라는 일종의 교육의 기회가 주어지는 이유도 여기에 있다.

우리가 직접 만난 아이들의 면면을 살펴보더라도 아이들은 환경에 따라 때로는 너무나 쉽게 흔들렸다. 이런 아이들의 선택을 온전히 아이들만의 탓이라며 외면해버리는 것이 진짜 '어른'의 역할인 걸까?

5. 어떤 아이들이 소년범이 될까. 소년범은 정말 악마일까.

아니다. 소년범이 되는 아이들은 태어날 때부터 정해지는 것이 아니다. 우리가 만난 아이들은 가정환경부터 성장 과정까지 전부 달랐다. 이는 특정한 조건에서 소년범들이 '탄생'하는 것이 아니라는 증거다. 그들은 악마도 아니다. 악마였다면 교화 가능성이 0에 수렴해야 한다. 하지만 우리가 만난 전문가와 기관 관계자들은 아이들이 교육만 충분히 잘 받는다면, 그리고 비행 친구들과 일정 거리를 둘 수 있도록 어른들이 돕는다면 충분히 교화가 가능하다고 말했다. 그리고 실제로 우리가 만난 몇몇의 아이들은 교화 가능성을 보여주기도 했다.

6. 소년범 문제를 해결할 방법은 무엇일까. 존재하기는 할까.

해결할 방법은 존재한다. 그러나 단 한 줄로 정리되지 않을 만큼 복잡하다. 소년법 폐지라는 단순한 논리로 이 문제를 해결할 수 없는 것은 물론이며, 현재 소년범들을 교화하기 위한 시스템인 보호처분이 제 기능을 하고는 있는지, 각 시설의 환경은 아이들을 교육시키기에 충분한지 먼저 꼼꼼히 따져볼 일이다.

무엇보다 중요한 것은 소년범 문제를 바라보는 시각 차이를 좁히고 사회적 합의를 이뤄내는 일이다. 현재는 엄벌해야 한다, 아니다, 라는 식의 소모적 논쟁만 이어지고 있는데, 이런 상황부터 해결해야 한다는 것이다. 이 부분에 대한 합의가 먼저 이뤄져야만 교화적 관점에서 소년범들을 바라보고 교육부터 보호처분, 그리고 그 이후 아이들의 삶까지 두루 살필 수 있는 시스템을 구축할 수 있기 때문이다.

마지막 페이지

하루하루 지면을 채우기에 급급한 하루살이처럼 살다가 호흡이 긴 기획 기사를, 또 그보다 훨씬 더 호흡이 긴 책을 쓰려고 하니 버거운 순간들이 많았다.

마침내 이 긴 글에 마침표를 찍으려 하니 머리가 복잡해진다. 그래서 앞서 썼던 문장 중에 하나를 다시 꺼내 써본다. 실은 이 말을 제일 하고 싶었다. 어쩌면 당신도 이 아이들을 수렁에서 구할 수 있을지 모른다는 것. 아이들의 삐딱한 눈빛과 말투는 구해달라는 신호일 수도 있다. 그리고 그 아이들은 생각보다 우리와 가까이 있을지도 모른다. 그 아이들을 만났을 때, 당신은 어떤 선택을 할 것인가. 우리의 책이 조금이나마 당신의 선택에 도움이 됐으면 하는 마음이다.

또 한 가지는, 우리가 만난, 혹은 만나지는 못했지만 어딘가에 있을 아이들에 대한 마음이다. 취재를 하며 위태로운 상황에 놓인 아이들을 너무 많이 만났다. 그러면서도 먼저 손을 힘껏 내밀지 못했다. 기자는 취재원과, 또 우리가 쓰는 기사와 거리를 둬야 한다고 늘 생각했다. 객관적인 결과물을 내야 한다는 압박에서 생겨나는 일종의 직업윤리 같은 것이었다. 기자와 취재원과의 관계, 취재를 도와준 기관과의 관계 등 걸리는 지점들이 여럿 있었다. 그렇지만 적고 보니 역시 핑계였다. 아마도 오랜 시간 죄책감처럼 마음에 자욱이 남아 있을 것만 같다.

취재는 끝났고, 그 후일담을 적은 책까지 썼으니 이제는 아이들을 돌아볼 수 있지 않을까 하는 마음이 고개를 든다. 우리를 만나 어쩌면 자신의 인생 전부를 털어놓았을 그 아이들 덕분에 기사도 책도 쓸 수 있었다. 나와 아이들은 어쩌면 서로의 인생에서 잠시 스쳐 지나간 인연에 불과할지도 모른다. 그럼에도 그 아이들의 행복을 진심으로 빈다. 그리고 자신의 선택에 따르는 책임을 온전히 질 수 있는 어른으로 성장했으면 좋겠다. 다시 한번, 우리가 만난 아이들 모두에게 고마움을 전한다.

감수의 말
우리의 희망과 미래

나는 약 26년의 판사 생활 중 7년의 가사·소년 전문 법관, 2년의 소년 형사재판, 가정 보호·아동 보호 재판을 포함한 현재 근무하고 있는 수원가정법원장 3년 등 거의 경력의 절반을 소년·이혼·가정 보호·아동 보호 사건 등을 담당했다. 그동안 경험한 것을 토대로 강의를 하거나 신문에 글을 싣기도 했다.

수원가정법원장으로 근무하던 중 서울신문 이근아, 진선민 기자로부터 나의 경력과 글을 토대로 소년사법에 대한 인터뷰를 요청받아 2020년 7월에 만나 이야기를 나눴다. 이후 두 분의 기자와 김정화 기자의 소년 보호시설에 대한 추가 취재와 소년범들에 대한 인터뷰를 토대로 2020년 11월 "소년범, 죄의 기록"이란 기사와 인터뷰 등이 여러 차례 보도됐다.

세 분의 기자로부터 취재를 통해 알게 된 소년범들의 죄의 세계와 희망, 부모나 선생님 같은 어른과 언론 및 국가의 책임 등 소년사법에 대한 많은 정보를 책으로 펴내 인터뷰를 한 아이들과 장차

죄의 세계에 빠져들 소년들에게 도움이 되는 어른이 되고 싶다는 말을 듣고, 원고를 먼저 읽어 조금이나마 도움을 주기로 한 것이 이 글을 작성한 계기가 됐다.

이 책은 소년범의 탄생과 그들에 대한 편견, 십 대의 세계와 약육강식, 언론 보도에 따른 사람들의 인식과 태도를 다룬 소년범죄와 언론, 소년과 소녀의 차이(말, 속마음, 세계, 범죄)를 다룬 소년 범죄자와 소녀 범죄자, 소년보호재판을 통해 소년들을 보호하고 있는 집행기관의 현실을 다룬 보호처분 시설, 소년법 폐지 등 엄벌주의 담론에 갇혀 헤어 나오지 못하는 촉법소년 논란과 소년사법 제도의 쟁점 등을 다룬 촉법소년, 아이들에게 전하고 싶은 말과 믿음 등을 다룬 소년범의 홀로서기를 언급한 다음, 누구도 외면당하지 않는 사회를 꿈꾸는 희망을 다룬 에필로그로 마무리 짓고 있다.

나는 판사 가운데 소년재판을 많이 경험한 편이다. 다른 판사나 어른들보다 소년범들의 특징과 그들을 둘러싼 가정, 학교, 지역사회, 정치 및 언론 등 환경에 대해 많이 알고 있어 소년재판을 잘하고 있다고 생각했다. 그런데 이 책을 읽으면서 그 생각이 잘못되었음을 많이 느꼈다. 특히 소년 범죄자와 소녀 범죄자 부분에서 말이다.

저자들이 기사 제목으로 단 "소년범, 죄의 기록"은 의미심장하다. 독자들이 이 제목에서 무슨 생각을 떠올릴지 궁금하다.

먼저, 나는 "소년범, 죄의 기록"이란 말에서 소년범 자신에 대한 죄의 기록이 떠오른다.

소년범은 성인에 비해 어른들이 만들어놓은 환경의 영향을 많이 받는다고 하더라도 자신이 범한 죄의 피해나 결과에 대한 책임을 전가하거나 평계를 댈 수도 없고, 회피하거나 지울 수도 없다는 것을 명심해야 한다.

죄의 피해나 결과에 대해 심각하게 생각하고 다시는 죄를 범하지 않을 자세로 반성하고 사죄하는 마음으로 말과 행동 및 생활 태도나 습관을 바꾸기 위해 피나는 노력을 해야 한다. 그렇게 하지 않는다면 범죄의 습관이 인생의 발목을 잡아 성인이 되어서도 범죄의 소굴에서 벗어나지 못할 가능성이 크다. '하늘은 스스로 돕는 자를 돕는다' '지성이면 감천이다' 하는 속담이 있듯이 스스로 자신을 소중한 사람이라 생각하고 자신의 인생을 위해 노력하면서 자신에게 지극정성을 다한다면 주변 사람뿐 아니라 하늘도 감동하여 모두 여러분을 돕게 될 것이다.

한편으론, 소년범 모두 자신을 미워하거나 인생을 포기해서도 안 된다. 도종환 시인은 「흔들리며 피는 꽃」이란 시에서 "흔들리지 않고 피는 꽃이 어디 있으랴" 하고 노래했다.

소년범 모두 높은 자존감으로 행복하게 살기를 바라면서, 이순신 장군의 삶에 대한 글을 일부 소개한다.

"집안이 나쁘다 탓하지 마라. 나는 역적으로 몰락한 가문에서 태어나 가난 탓에 외갓집에서 자랐다. 몸이 약하다 고민하지 마라. 나는 평생토록 고질병인 위장병과 전염병으로 병 앓이를 하였다. 기회가 주어지지 않는다 불평하지 마라. 나는 왜적의 침입으로 나라가 위태로워진 후 마흔일곱에야 겨우 지휘관이 될 수 있었다. 윗사람이 알아주지 않는다고 억울해하지 마라. 나는 임금의 끊임없는 오해와 의심으로 모든 공을 빼앗긴 채 옥살이에 고문을 당하였다."

나아가, 나는 "소년범, 죄의 기록"이란 말에서 소년범을 탄생하게 하고 방치하며 온갖 편견으로 학대를 하고 책임을 떠넘기는 부모나 선생님, 언론인, 정치인을 비롯한 어른의 죄, 사회의 죄에 대한 기록이 떠오른다.

소년은 부모·어른·사회의 거울이라고 한다. 소년의 모습에서 부모·어른·사회의 모습을 볼 수 있고, 소년은 부모·어른·사회가 만들어놓은 작품이라는 의미이다. 소년은 어른들이 만들어놓은 정치, 경제, 사회, 문화적인 환경에서 어른들의 삶의 방식(막말, 왕따, 거짓말 등)과 범죄(폭력, 사기, 성폭력 등)를 그대로 모방하면서 살고 있다. 그럼에도 우리는 모든 책임을 소년범이나 그 부모에게 떠넘기고 있지 아니한가? 더욱이 이런 경향을 언론이 부채질하고, 그에 편승하여 어른들과 정치인들이 소년법 폐지나 범죄소년 연령 하향, 일벌백계로 엄벌하면 안전한 사회가 될 것이라는 등 모든 문제가 해결되고 자신들의 할 일을 다 한 것처럼 책임을 회피하고 있는 모습이다. 성인에 대한 '엄벌주의'도 어느 나라, 어떤 사회에서도 성공이 입증되지 않았는데, 하물며 소년들에게 그 효과가 있겠는가? 엄벌로 소년범이 선량한 사람이 된다거나 다른 소년들이 범법자가 되지 않는다는 보장이 없다. 오히려 역효과가 날 수도 있다. 엄벌에 들어갈 관심과 비용을 예방과 보호에 집중하여 소년이라 하더라도 범죄를 저지르면 반드시 적발해서 책임에 부합하는 처벌을 받게 하고 품행 교정을 통해 재범을 하지 않게 하는 '필벌주의' 및 '재사회화에 기여하는 회복적 사법'이 더 효과적이지 않을까? 소년범들을 보살피지 않으면 나중에 나와 내 가족이 피해를 입는 등 더 큰 사회문제가 되지 않을까?

청소년은 우리의 희망과 미래이다. 청소년 헌장은 "가정, 학교, 사회, 국가는 청소년의 인간다운 삶을 보장하고 청소년 스스로 행복을 가꾸며 살아갈 수 있도록 여건과 환경을 조성해야 한다"라고 선언하고, 소년법은 '반사회성이 있는 소년에게 환경 조정과 품행 교정을 위한 보호처분 등 필요한 조치를 함으로써 소년이 건전하게 성장하도록 돕는 것'을 목적으로 한다.

청소년 헌장과 소년법에서 언급된 것과 같이 가정, 학교, 사회, 국가를 이루고 있는 어른들은 소년이 인간답고 행복한 삶을 살 수 있도록 여건과 환경을 조성할 책임이 있다.

박노해 시인은 「다시」라는 시에서 "사람만이 희망이다"라고 했다.

나를 비롯한 독자들, 그리고 가정, 학교, 사회, 국가를 책임지고 있는 어른들인 우리는, 희망 없이 길을 헤매며 나쁜 세상에서 살고 있는 소년범들에게 희망을 주고 새길을 알려주면서 좋은 세상을 경험하도록 노력하였으면 좋겠다.

소년재판을 담당하고 있거나 앞으로 담당할 판사들, 소년들을 보살피고 자존감을 높여주어야 할 부모와 선생님을 비롯한 교육관계자들, 소년사법을 통해 소년범들을 바른길로 안내해야 하는 집행기관의 여러 어른, 비난보다는 보호와 예방에 관심과 지원을 아끼지 않아야 하는 언론인 및 정치인, 모두 『우리가 만난 아이들』을 통해 많은 부분이 개선되기를 희망한다.

2021년 12월
박종택 수원가정법원장

추천의 말

—

작년 여름 세 명의 기자가 시설에 다녀갔다. 눈이 부셨다. 일에 대한 애정과 열정이 아름다웠다. 낯선 이들을 맞는 아이들의 마음은 어떨까. 걱정이 앞섰다. 하지만 그들은 겸손했고, 아이들에게 질문했다. 교만한 사람은 질문하지 않는다. 이미 답을 알고 있다고 생각하기 때문에. 그들은 아이들에게 물었고, 아이들의 말에 귀 기울였다. 질문하고 경청했다는 것으로, 이 책에 경의와 감사를 표한다.

씨를 뿌리고 열매를 맺는 데 필요한 것이 있다. 충분한 비와 햇빛, 그리고 시간이다. 어느 것 하나라도 부족하면 온전히 열매를 맺지 못한다. 우리 아이들은 메마르고 음침한 땅에 서 있었다. 사람들은 왜 열매를 맺지 못하냐고 다그친다. 심지어 땅을 갈아엎자고 한다. 먼저 할 일이 있다. 그들의 삶을 들여다보는 일이다. 우리가, 어른이라면.

· 김자경 나사로 청소년의 집 사무국장

—

소년범죄가 갈수록 흉포화, 조직화, 저연령화되는 등 심각하다는 이야기가 넘치지만 대부분 과장되었거나 일부 극단적인 사건을 부풀리는 경우가 많다. 여론은 금세 뜨거워지고 언론은 인터넷 댓글을 쫓는 수준에서 맴돌지만 중계방송 같은 보도가 끝나면 그뿐이다. 언제 그런 일이 있었냐는 듯 잊힌다.

소년범죄가 문제라는 이야기는 많지만 정작 진지한 관심은 너무 적다. 소년 보호를 한다지만 제대로 먹이고 제대로 가르치지도 않으면서 윽박지르는 형국이다.

서울신문의 이근아, 진선민, 김정화 기자의 책은 그래서 의미심장하다. 소년의 범죄는 곧 사회의 죄라는 것을 풍부한 사례로 입증하고 있다. 그렇다. 아이들이 잘못했다면, 그건 바로 어른들의 잘못이기도 하다. 사실 소년범과 평범한 소년 사이의 간극은 그리 넓지 않다. 어떤 조건에 놓였다고 모두 범죄자가 되는 것은 아니지만, 주변 환경이 미치는 영향은 매우 중요하다. 소년에게만 죄의 책임을 묻는 게 아니라 우리 사회를 돌아봐야 한다. 이런 의미에서 이 책은 매우 중요한 지침을 준다.

세 명의 기자들이 발품을 팔고 공을 들여 좋은 기획을 했다. 각자 맡은 소임이 있는데도 틈틈이 짬을 내어 이런 성취를 만들었다. 기사가 바탕이 되었지만 꼼꼼한 보완작업을 거쳐 내용은 더 풍부해졌다. 모처럼 좋은 책을 만났다.

· 오창익 인권연대 사무국장

—

연쇄살인이 아니고서는 범죄 사건은 모두 별개의 사건이다. 그러나 조심히 들여다보면 이들 사건이 서로 어떻게든 직간접적으로 연결이 되어 있다는 사실을 알 수 있다. 특히 소년범죄가 그렇다. 이 책은 아이들의 문제가 결코 독립적으로 발생하는 게 아니라는 시각에서 출발한다. 보다 분석적이고도 거시적인 시각으로 비행의 문제를 다룰 때 아동 보호나 범죄자 갱생, 나아가 사회의 안전도 구현될 수 있다는 믿음을 다시 한번 상기하게 하는 책이다.

· 이수정 경기대 범죄심리학과 교수

—

소년범에 대한 기사는 늘 '잘 팔린다.' 같은 도둑질이어도 아이들이 저질렀다고 하면 관심을 끈다. "말세다. 말세" 혀를 끌끌 차게 만들거나 "어린아이들이 어쩜 이런 악마 같은 짓을……" 참담함을 느끼게 한다. 나 또한 망치로 유리창을 깨고 가게를 턴 아이들, 훔친 차로 무면허 운전을 한 아이들을 취재하고 보도했다. 하지만 단 한 번도 아이들이 저지른 '짓' 너머의 '삶'에 대해서는 궁금해하지도, 이야기하지도 않았다.

그렇기 때문에 이 책은 더욱더 귀하다. 아무도 알려 하지 않은, 섣불리 세상에 꺼내기 힘든 이야기를 담고 있다. 수없이 묻고, 고민한 사람만이 용기 내 할 수 있는 이야기다. 책을 덮고 난 뒤, 금은방을 턴 아이들을 만났을 때 내가 외면한 것이 무엇인지 알았다. 그 아이들은 하늘에서 뚝 떨어진, 절로 만들어진 악마가 아니었을 것이다.

어쩌면 내가 아이들을 수렁에서 구해낼 수 있었을지도 모른다.

　이 책을 펼친 당신도 같은 마음이기를 바란다. 어쩌면 우리가 함께 아이들을 구해낼 수도 있겠다.

· 한민용 JTBC '뉴스룸' 앵커

에필로그

감수 **박종택**

순창에서 태어나 전주와 서울에서 유학했다. 1990년 사법시험에 합격하고, 사법연수원, 육군
법무관을 거쳐 1996년부터 판사로 근무하고 있다. 서울가정법원에서 7년 동안 가사·소년 전
문 법관으로 있었다. 서울남부지방법원에서 형사재판, 서울중앙지방법원에서 민사재판을 담
당했고, 2019년부터 수원가정법원장으로 근무하고 있다. "행복한 가정, 꿈꾸는 청소년, 함께
하는 법원"을 표어로 수원가정법원을 방문하는 모든 분과 함께 소중한 자신을 깨닫고 이웃을
사랑하는 행복, 희망찬 미래가 펼쳐지길 매일 꿈꾼다.

우리가 만난 아이들
소년, 사회, 죄에 대한 아홉 가지 이야기

초판 1쇄 발행 2021년 12월 22일 **초판 3쇄 발행** 2022년 10월 17일

지은이 이근아, 김정화, 진선민
펴낸이 이승현

편집2 본부장 박태근
스토리 독자 팀장 김소연
공동편집 강소영, 곽선희, 김해지, 이은정, 조은혜
디자인 김태수

펴낸곳 ㈜위즈덤하우스 **출판등록** 2000년 5월 23일 제13-1071호
주소 서울특별시 마포구 양화로 19 합정오피스빌딩 17층
전화 02) 2179-5600 **홈페이지** www.wisdomhouse.co.kr

ⓒ 서울신문, 2021

ISBN 979-11-6812-117-1 03330